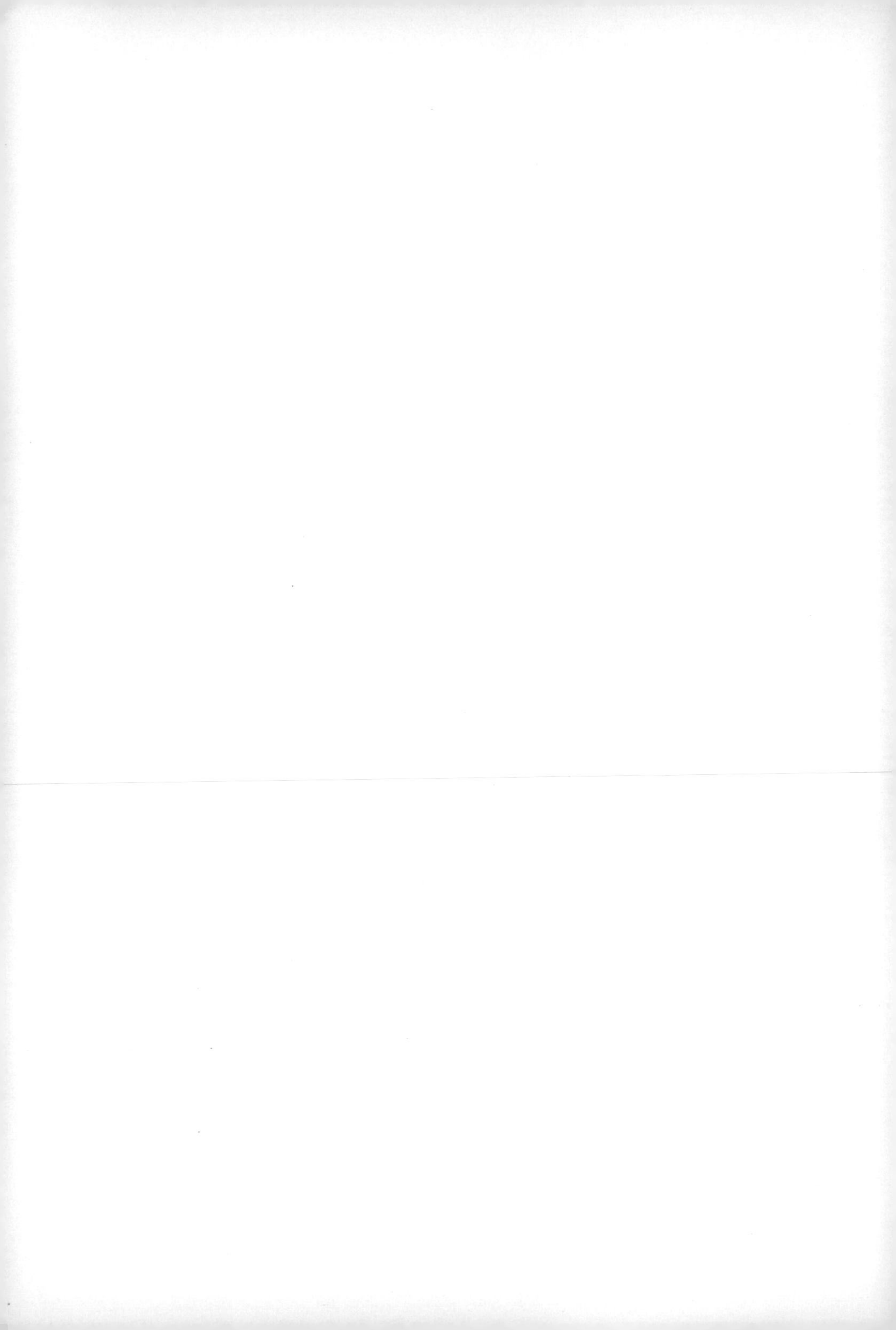

窺探天機

Peering through the Mysteries of Mathematics

你所不知道的數學家

洪萬生——主編

蘇惠玉、黃清揚、黃俊瑋、陳玉芬、陳政宏
林美杏、劉雅茵
——著

三民書局

國家圖書館出版品預行編目資料

窺探天機：你所不知道的數學家/洪萬生主編；洪萬生,蘇惠玉,黃清揚,黃俊瑋,陳玉芬,陳政宏,林美杏,劉雅茵著.－－初版一刷.－－臺北市：三民，2018
面；　公分.－－(鸚鵡螺數學叢書)

ISBN 978-957-14-6352-0 (平裝)

1. 數學 2. 傳記

310.99　　106021570

© 窺探天機
——你所不知道的數學家

主　編	洪萬生
著作人	洪萬生　蘇惠玉　黃清揚　黃俊瑋 陳玉芬　陳政宏　林美杏　劉雅茵
總策劃	蔡聰明
責任編輯	朱永捷
美術設計	吳柔語
發行人	劉振強
發行所	三民書局股份有限公司 地址　臺北市復興北路386號 電話　(02)25006600 郵撥帳號　0009998-5
門市部	(復北店) 臺北市復興北路386號 (重南店) 臺北市重慶南路一段61號
出版日期	初版一刷　2018年1月
編　號	S 317200

行政院新聞局登記證局版臺業字第〇二〇〇號

ISBN　978-957-14-6352-0　(平裝)

http://www.sanmin.com.tw　三民網路書店

《鸚鵡螺數學叢書》總序

本叢書是在三民書局董事長劉振強先生的授意下，由我主編，負責策劃、邀稿與審訂。誠摯邀請關心臺灣數學教育的寫作高手，加入行列，共襄盛舉。希望把它發展成為具有公信力、有魅力並且有口碑的數學叢書，叫做「鸚鵡螺數學叢書」。願為臺灣的數學教育略盡棉薄之力。

I 論題與題材

舉凡中小學的數學專題論述、教材與教法、數學科普、數學史、漢譯國外暢銷的數學普及書、數學小說，還有大學的數學論題：數學通識課的教材、微積分、線性代數、初等機率論、初等統計學、數學在物理學與生物學上的應用等等，皆在歡迎之列。在劉先生全力支持下，相信工作必然愉快並且富有意義。

我們深切體認到，數學知識累積了數千年，內容多樣且豐富，浩瀚如汪洋大海，數學通人已難尋覓，一般人更難以親近數學。因此每一代的人都必須從中選擇優秀的題材，重新書寫：注入新觀點、新意義、新連結。**從舊典籍中發現新思潮，讓知識和智慧與時俱進，給數學賦予新生命**。本叢書希望聚焦於當今臺灣的數學教育所產生的問題與困局，以幫助年輕學子的學習與教師的教學。

從中小學到大學的數學課程，被選擇來當教育的題材，幾乎都是很古老的數學。但是數學萬古常新，沒有新或舊的問題，只有寫得好或壞的問題。兩千多年前，古希臘所證得的畢氏定理，在今日多元的光照下只會更加輝煌、更寬廣與精深。自從古希臘的成功商人、第一位哲學家兼數學家泰利斯 (Thales) 首度提出兩個石破天驚的宣言：**數學要有證明**，以及**要用自然的原因來解釋自然現象**（拋棄神話觀與超自然的原因）。從此，開啟了西方理性文明的發展，因而產生**數學**、**科**

學、哲學與**民主**，幫忙人類從農業時代走到工業時代，以至今日的電腦資訊文明。這是人類從野蠻蒙昧走向文明開化的歷史。

古希臘的數學結晶於歐幾里德 13 冊的《原本》(The Elements)，包括平面幾何、數論與立體幾何，加上阿波羅紐斯 (Apollonius) 8 冊的《圓錐曲線論》，再加上阿基米德求面積、體積的偉大想法與巧妙計算，使得它幾乎悄悄地來到微積分的大門口。這些內容仍然是今日中學的數學題材。我們希望能夠學到大師的數學，也學到他們的高明觀點與思考方法。

目前中學的數學內容，除了上述題材之外，還有代數、解析幾何、向量幾何、排列與組合、最初步的機率與統計。對於這些題材，我們希望在本叢書都會有人寫專書來論述。

II 讀者對象

本叢書要提供豐富的、有趣的且有見解的數學好書，給小學生、中學生到大學生以及中學數學教師研讀。我們會把每一本書適用的讀者群，定位清楚。一般社會大眾也可以衡量自己的程度，選擇合適的書來閱讀。我們深信，**閱讀好書是提升與改變自己的絕佳方法**。

教科書有其客觀條件的侷限，不易寫得好，所以要有其他的數學讀物來補足。本叢書希望在寫作的自由度幾乎沒有限制之下，寫出各種層次的好書，讓想要進入數學的學子有好的道路可走。看看歐美日各國，無不有豐富的普通數學讀物可供選擇。這也是本叢書構想的發端之一。

學習的精華要義就是，**儘早學會自己獨立學習與思考的能力**。當這個能力建立後，學習才算是上軌道，步入坦途。可以隨時學習、終身學習，達到「真積力久則入」的境界。

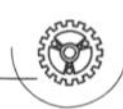

我們要指出：學習數學沒有捷徑，必須要花時間與精力，用大腦思考才會有所斬獲。不勞而獲的事情，在數學中不曾發生。找一本好書，靜下心來研讀與思考，才是學習數學最平實的方法。

III 鸚鵡螺的意象

本叢書採用鸚鵡螺 (Nautilus) 貝殼的剖面所呈現出來的奇妙**螺線** (spiral) 為標誌 (logo)，這是基於數學史上我喜愛的一個數學典故，也是我對本叢書的期許。

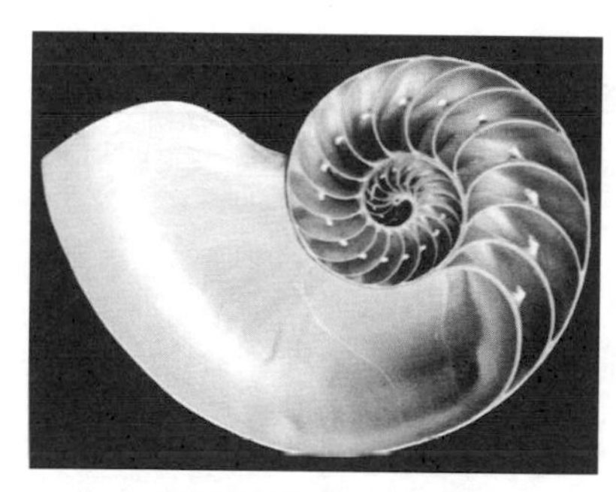
鸚鵡螺貝殼的剖面

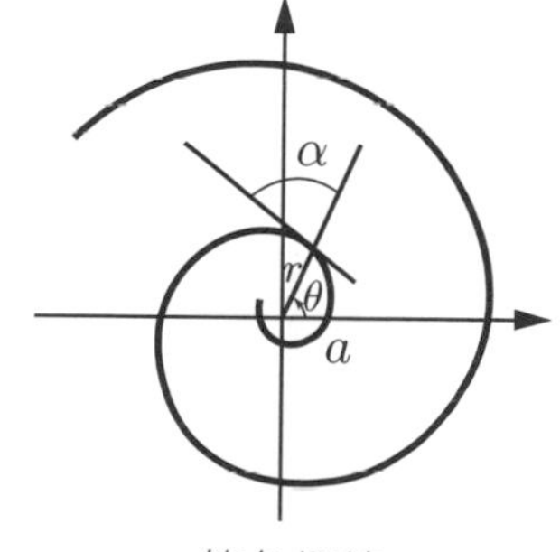

等角螺線

鸚鵡螺貝殼的螺線相當迷人，它是等角的，即向徑與螺線的交角 α 恆為不變的常數 ($a \neq 0°, 90°$)，從而可以求出它的極坐標方程式為 $r = ae^{\theta\cot\alpha}$，所以它叫做**指數螺線**或**等角螺線**，也叫做**對數螺線**，因為取對數之後就變成阿基米德螺線。這條曲線具有許多美妙的數學性質，例如自我形似 (self-similar)、生物成長的模式、飛蛾撲火的路徑、黃金分割以及費氏數列 (Fibonacci sequence) 等等都具有密切的關係，結合著數與形、代數與幾何、藝術與美學、建築與音樂，讓瑞士數學家白努利 (Bernoulli) 著迷，要求把它刻在他的墓碑上，並且刻上一句拉丁文：

Eadem Mutata Resurgo

此句的英譯為：

Though changed, I arise again the same.

意指「**雖然變化多端，但是我仍舊照樣升起**」。這蘊含有「**變化中的不變**」之意，象徵規律、真與美。

鸚鵡螺來自海洋，海浪永不止息地拍打著海岸，啟示著恆心與毅力之重要。最後，期盼本叢書如鸚鵡螺之「**歷劫不變**」，在變化中照樣升起，帶給你啟發的時光。

眼閉
從一顆鸚鵡螺
傾聽真理大海的吟唱

靈開
從每一個瞬間
窺見當下無窮的奧妙

了悟
從好書求理解
打開眼界且點燃思想

蔡聰明

2012 歲末

前言

這是一本頗為「另類的」數學家傳記集。我們選擇的人物及敘事內容，是針對有些「主要」數學家的生涯中不為人知的面向、在一般普及作品中較少被介紹的「次要」數學家，或是那些在歷史上不見得傑出，但他們涉及的智力或知識活動，卻有著現代人難以想像的「神祕性」。後者這類神祕性大都與天文學或占星術息息相關，可見我們在「現代性」(modernity) 的映照之下，的確不易看到這些相關的知識活動所呈現的歷史意義。

當我們述說數學家的這些面向的故事時，並非意在強調由於數學家也是凡人，因此想當然爾，他們也會犯凡人的錯謬。這種「老生常談」的備註，對於想要理解首重邏輯推論的數學家，何以無法超越特定的社會文化脈絡，是無助於事的。事實上，在脈絡 (context) 中閱讀、理解數學家的行止之意義，進而掌握他們在異時空裡所表現的（數學）認知趣味，本來就是（數學）史家的天職。另一方面，對數學教師或一般公民來說，這種進路則對他們多元的歷史想像大有助益。因此，在本書中，當我們運用這種數學社會史 (social history of mathematics) 的進路，來述說這些數學家的故事時，按之史家技藝，固然也不過是一種老生常談，然而，我們卻可藉以探索數學知識發展的豐富圖像。

以本書所收傳記為例，它們的傳主就包括出身於古希臘、中國（六及十三世紀）、阿拉伯、西歐（十三、十六、十七及十九世紀），以及日本（十七及十八世紀）的數學家，其中，我們可以看到數學發展的各種風貌，以及東西方的不同風格，甚至東亞的中算及其所系出的和算（*wasan*，日本本土算學），也發展出大異其趣的路徑。

此外，我們還收入黃俊瑋的〈數學家的歷史定位：以祖沖之、李淳風傳記為例〉，原標題是「數學史的脈絡性」，它是俊瑋選修數學史博士班課程時，我所交代的作業之一。他以中國南北朝祖沖之及唐代李淳風為例，說明幾代史家（甚至現代的科普作家）為他們立傳時，都具體地反映了那些時代的「歷史任務」。因此，如果你在數學普及書籍中，所看到的數學家「樣貌」或「故事」多半大同小異，那是寫作者基於共同「歷史記憶」的極其自然書寫，千萬不必覺得意外。

當然，如果你有意認識數學家的另外一面，或者你覺得數學家舞臺上的「龍套角色」也很重要，那麼，這本集子至少可以滿足部分需求。事實上，引發我編輯這一本傳記集的初衷，是多年前我撰寫〈穿透真實無窮的康托爾：集合論的「自由」本質〉之後，即深刻體會數學知識的邏輯 vs. 意義之張力。該文以康托爾 (Cantor) 區別「真實無窮」(actual infinity) 的等級為例，讓我們得以發現即使是當時的傑出數學家如克隆涅克 (Kronecker)，也無法因為只是「邏輯」上站得住腳，就刊登他認為沒有「意義」的集合論里程碑論文。後來，虔誠天主教徒如康托爾只好求助於天主教的超限 (transfinite) 神學，希望藉助「外在」的力量，來尋求他大膽創造的集合論之認可依托。

在人類的智力活動中，宗教信仰與數學創造並存，看起來匪夷所思，因為信仰的「迷信」，似乎無法與數學或科學的「理性」相容才是。不過，即使是在科學革命時期 (1543–1687)，「理性」的數學與「迷信」的占星，就始終是大學通識教育科目中的兩門顯學。以伽利略為例，占星術就是為他贏得麥迪西家族宮廷「贊助」的最重要憑藉，儘管他念茲在茲的，是完成他的物理學經典作品——《關於兩門新科學的對話》。

無論如何，運用科學贊助 (patronage) 這個科學社會學的概念，可以比較細緻地理解，何以伽利略最終受到宗教審判，因而餘生居家監禁（托里切利就是在他被軟禁期間投入其門下為徒）。在數學專業完全「制度化」（或建制化）之前，王宮貴族的「附庸風雅」贊助，始終是數學發展的一個重要因素。在本文集中，我特別納入十三世紀斐波那契與神聖羅馬皇帝菲特烈二世的關係，就是希望藉以說明贊助的豐富風貌。同時，黃清揚與我合寫的〈為阿拉真主研究數學：以奧馬・海亞姆為例〉，也給了我們另外一種有關帝王贊助的範例。

如果我們將歷史場景拉回東方，在中國歷史上，贊助究竟呈現了什麼樣的特色呢？蘇俊鴻給了我們近代的故事，請讀者參考他的博士論文《中國近代數學發展 (1607–1905)：一個數學社會史的進路》，或是發表於《數理人文》第 8 期的〈清代數學家與經學家竟能鼎足而立〉。至於第六世紀的祖沖之 (429–500) 的算學研究，是否與朝廷的學術贊助有關呢？譬如他的《綴術》被認為內容精湛，以致宋代學官無法理解而失傳。然而，讀他的「史官版」傳記，我們卻感覺他最念茲在茲的成就，就是他所創制的《大明曆》能否受到朝廷的青睞並獲頒使用，而非他的圓周率近似值 3.141592。這個我們所不知道的「祖沖之」，在「顏氏家訓」的烘托下，顯得十分「理直氣壯」。因此，有關祖沖之這個今古「歷史評價」的反差，可以很好地解釋「在脈絡中觀看數學家」為何如此重要！

這種觀看視角當然也適用於和算家。從黃俊瑋的和算研究成果中，我們也可以看到算學武士如關孝和及建部賢弘，或浪人如會田安明，如何經由「遺題繼承」與「算額奉納」之知識活動，創造迥異於東算（朝鮮本土算學）與中算的一個和算傳統，其中，譬如會田安明與關流弟子長達二十年的論戰，就道盡了和算的獨特魅力。

總之，本書所敘說的數學家故事不只另類，而且，在與數學知識活動有關的許多面向上，也顯得相當獨特。蘇惠玉、黃清揚、黃俊瑋、陳玉芬、陳政宏、林美杏，以及劉雅茵老師欣然響應我的書寫「號召」，嘗試為這些數學家「另立新傳」，在此我要特別感謝他們共襄盛舉。由於他們的數學史素養，本書所呈現的，絕對不只是有趣的敘事而已。其實，在情節中融入數學的認知意義，也是我們共同的期許目標。當然，我們也非常期待讀者的回饋與指教。

最後，我還要謝謝三民書局願意出版本書，這個「承諾」對於我們進行這種另類書寫，著實是一種鼓勵。希望將來還有續篇問世!

洪萬生

2017 年 12 月序於木柵仙跡巖坡道尾端

作者簡介

洪萬生

臺灣彰化人，國立臺灣師範大學數學系退休教授。在職涯中熟練數學史專業研究之際，也一直關注數學史與數學教學之關連(HPM)。四十多年來，已出版二十幾本普及著譯作品（含與師友、學生輩合作部分），為數學普及閱讀活動，略盡棉薄之力。

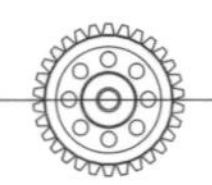

林美杏

國立臺灣師範大學數學系研究所畢業，主要研究日本數學史，以及數學史融入數學教育。目前擔任臺北市立中正國中數學教師，期望透過多元的教學方式，培養學生的數學素養與人文關懷。教學之餘，熱愛球類運動、旅遊、攝影。

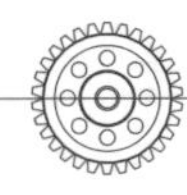

陳玉芬

國立臺北教育大學數學教育研究所碩士，目前為國立中央大學學習與教學研究所博士生，任教於新北市立明德高中，於 2013 年榮獲教育部教學卓越金質獎。2014 年榮獲臺灣微軟創意教師數位典藏應用特別獎。對於將數學融入於生活的應用與推廣，有極大的興趣。

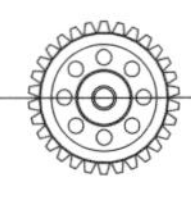

陳政宏

臺北市立教育大學數學系畢業，國立臺灣師範大學數學研究所碩士，主修數學史與數學教育，主要研究領域為日本一關地區江戶時期的數學史（和算史），現任臺北市立永春高中教師。平常熱愛閱讀科普讀物及推理小說，亦熱衷於舞臺劇等表演藝術。

黃俊瑋

國立臺灣師範大學數學研究所博士，現任教於臺北市立和平高中，主修數學史與數學教育，主要研究領域為江戶時期日本數學史(和算史)。曾合譯《數學偵探物語》、《掉進牛奶裡的 e 和玉米罐頭上的 π》、《這個問題，你用數學方式想過嗎?》、《蘇菲的日記》、《畢氏定理四千年》、《啟蒙的符號》等書，並與洪萬生教授等合著《摺摺稱奇：初登大雅之堂的摺紙數學》。期望透過數學普及閱讀與數學教育之結合，以更加豐富、多元而開放的面向，裨益學生的數學思維與素養。

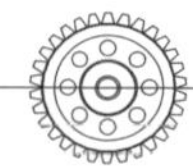

黃清揚

國立臺灣師範大學數學系碩士，目前任職於新北市立福和國中。因竹中彭國亮老師的啟發而選擇數學教育，也因師大洪萬生教授的引導而喜愛上數學史。

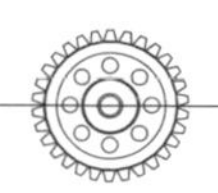

劉雅茵

臺灣師範大學數學所畢業，目前任教於南科實中高中部，教學經驗約 9 年，喜歡關於數學與藝術、歷史的相關知識。對於數學與教學仍有許多需要學習，期望透過更多元的刺激能激發出更貼近學生的教學。

蘇惠玉

臺灣師範大學數學系碩士班畢業，主修數學史，現為臺北市立西松高中數學老師，《HPM 通訊》主編。期許可以透過數學史分享對數學的熱愛。

窺探天機
你所不知道的數學家

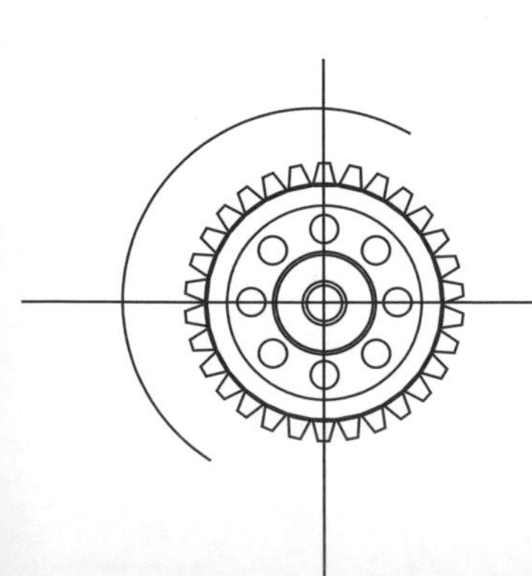

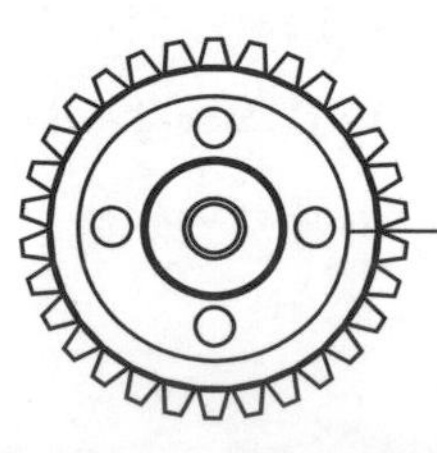

CONTENTS

你所不知道的托勒密

蘇惠玉

一、前言

對許多人來說，三角學幾乎是他們高中（職）階段厭惡或懼怕數學的代表科目。然而，三角學根源於人類文明的需求，從測量土地、繪製地圖，到建築物的構造，甚至是航海員定方位，還有關係到整體人類生活的曆法制訂等等，從地上到天空，任何人想要「明察天地」，就都非要通曉三角學的知識不可。譬如說吧，十七世紀日本的澀川春海（Shibukawa Shunkai, 1639–1715，又名安井算哲）花了二十二年的時間，才完成《貞享曆》的製作。有關這個故事，冲方丁的小說及同名改編電影《天地明察》，為我們提供了極豐富的歷史想像，非常值得閱讀參考。想像一下，如果沒有三角函數表幫忙進行複雜的計算，那麼，這些天文數學家究竟要浪費多少青春歲月在冗長無聊的計算工作上？

由於三角函數表的發明與托勒密（Claudius Ptolemy，約 85–165）息息相關，因此，我們在本文想要說一點有關他的故事。事實上，托勒密花了十四年的時間進行天文觀測，姑且不論後人對他在天文研究的褒貶如何，至少他所完成的那一張弦表，對後世三角學與天文學的發展裨益良多。這使得數學史家卡茲 (Victor Katz) 所虛構的一則報紙分類廣告（刊登在西元 150 年的亞歷山卓地區）變得相當有說服力：

現徵聘：亟需一名計算助理從事繁重但例行的計算，以便編制天文學所需表格。應聘者必須能準確地接受詳盡的指示。至於報酬則是：包吃包住，外加 1200 年內將要利用這些表格的成千上萬天文家的感激之情。請聯繫托勒密，地址：亞歷山卓天文臺。

不過，即使有了上述助理的協助，托勒密是怎麼製作他的弦表呢？完成這一張表又需要多少數學知識？現在，讓我們從頭細說古希臘這位數學家與天文學家，尤其是某些較少為人知的細節。

二、托勒密的事蹟

有關托勒密的生平我們所知不多，且先從他的名字說起吧。他的名字克勞帝烏斯・托勒密 (Claudius Ptolemy) 混合了希臘時期埃及人的 Ptolemy，與羅馬人的 Claudius，似乎暗示他應該源自於生活在埃及的希臘家庭，而且還是羅馬公民。當然，Claudius 也可能出自羅馬皇帝給托勒密家族中某位祖先的賞賜。不過，我們並不清楚托勒密出生在何地，根據目前已有的記載，我們僅知他於西元 127 至 141 年間，在埃及的亞歷山卓 (Alexandria) 進行天文觀測。

圖 1：托勒密的想像畫像，出現在 1584 年的一本書中

對於這位天文學家兼數學家到底師承何處，從哪兒學到的天文與數學知識，我們都無從得知，只知道他利用泰昂 (Theon of Smyrna) 許多的天文觀測結果。另外，在他的許多作品中所提到的塞勒斯 (Syrus)，究竟是他的老師之一，或僅只是他幻想出來的人物，我們也不知道。不過，亞歷山卓擁有世界最大、藏書最豐富的亞歷山大圖書館。據零星的歷史資料記載，這座圖書館由埃及托勒密王朝的托勒密一世於西元前 259 年所建，經過托勒密王朝的強勢經營，從世界各地搜刮網羅或是手抄各種文本，而成為當時藏書種類及數量最為豐富的圖書館。儘管泰昂或是其他人可能沒有足夠的知識教導托勒密，不過，想必他能從這座圖書館獲取不少相關知識與資源。

在托勒密的著作中，最有影響力的作品首推《大成》(*Almagest*)。這本天文學的著作在哥白尼 (Nicolaus Copernicus, 1473–1543) 的《天體運行論》(*De revolutionibus orbium coelestium*, 1543) 出版之前，獨占天文學鰲頭，甚至被認為是形塑了天文學這門學科。有趣的是，這本書的原書名翻譯成英文為《數學彙編》(*The Mathematical Compilation/ Mathematical Collection*)。不過，由於架構宏偉、內容紮實所產生的重大影響力，很快地與其他的天文學著作區別開來，書名也因而被改為

《最偉大的彙編》(*The Greatest Compilation*)。這部著作被翻譯為阿拉伯文時書名便成了 *al-magisti*，意即 the greatest，最後再從阿拉伯文翻譯為拉丁文時，就成了現在被認定的書名 *Almagest*（《大成》)。

三、《大成》

《大成》全書共十三卷，完整地包含了當時希臘人對宇宙的模型和描述，如同歐幾里得（Euclid，約西元前 325–前 265）的《幾何原本》(*The Elements*)，托勒密彙集他之前有關天文學的知識成果，堪稱是希臘天文學集大成之巨著。在這本作品中，他詳細地說明吾人想要描述太陽、月亮，以及其他行星運行時所需的數學原理，此外，他也對這些星體的運行理論，作出了原創性的貢獻。在本書的序言中，托勒密指出：

我們應該試著記下，到目前為止，我們認為已經發現的任何事物；我們應該盡可能地簡明，以能夠被那些已在這領域做出某些進展的學者們遵循的方式。在我們的論述中，為了達到完備的目的，我們應該以一種適切的順序，列出所有對天體運行理論有幫助的東西，但是，為了避免太過冗長，我們僅僅陳述那些已經被祖先們適當地建立好的學問。然而，那些沒有被先驅們處理過的，或是沒有發揮應有效力的主題，我們將會盡其所能地詳加論述。

本書一開始先介紹傳承自古希臘時期的宇宙觀。他所描述的宇宙觀根基於亞里斯多德（Aristotle，西元前 384–前 322）的地心說。當時的學者普遍認為宇宙是個球體，地球是宇宙的中心，其他星體如太陽、月亮、金星、水星、木星等附著在此天球上作圓周運動。在辛普利修斯（Simplicius of Cilicia，約 490–560）的《評亞里斯多德的《論天體》》(*On Aristotle, On the Heavens*) 中，藉由柏拉圖（Plato，西元前 427–前 347）之口，點出希臘時期天文研究的挑戰之處：應該假定行星是作什麼樣的等速且規律的圓周運動，才能使這些星球所呈現與被觀察所得的運動得以保持一致？在這樣的課題下，為了觀察與計算行星的運行軌跡，需要有一套系統可將觀察到的移動角度，轉換成圓周運動時的弦長。在托勒密之前的希帕科斯（Hipparchus，西元前 190–前 120）已經意識到這個問題，也提出一些解決之道，然而，真正完整地將這張圓心角與弦長對應的弦表製作出來的，則要歸功於托勒密。

托勒密在《大成》的第 1 與第 2 卷中，先說明了為計算與預測星球運行軌跡所需要的數學知識。他先在第 1 卷的第 10 節〈論弦的長度〉(On the size of chords) 中，開始製作他的弦表：

接著，為了使用者的便利，我們應該依序地將它們的量列在一張表上……。

托勒密計算的是圓心角所對的弦長，與今日的正弦函數稍有不同，藉由半徑與半角的調整，即可與正弦函數吻合。如圖 2，若我們將圓心角設為 α 時，托勒密所對應的弦長 d 以 $\mathrm{crd}(\alpha)$ 表示，而 $\frac{d}{2}=R\sin\frac{\alpha}{2}$，即 $d=2R\sin\frac{\alpha}{2}=\mathrm{crd}(\alpha)$；同時，圓心角之補角所對的弦長，他稱之為半圓的剩餘 (remainder of the semicircle)，因為 $\frac{s}{2}=R\sin\frac{\beta}{2}$，即

$s=2R\sin\dfrac{\beta}{2}$，但 $\dfrac{\alpha}{2}+\dfrac{\beta}{2}=90°$，因此 $s=2R\cos\dfrac{\alpha}{2}$。也就是說，托勒密所謂「半圓的剩餘」同樣藉由半徑與半角的調整，可與現今的餘弦函數吻合。

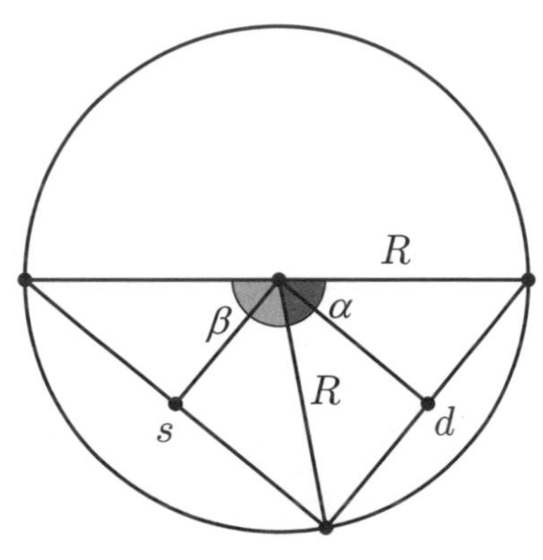

圖 2：半徑為 R 的圓

另外，托勒密將圓分成 360 等分，將直徑分成 120 等分，他說是「為了算術上的方便」，這點可能與他採用巴比倫人的六十進位制有關。如此取半徑等於 60，以六十進位制表示為 1，確實會在計算上便利許多。另外，托勒密也了解這張弦表跟圓的大小（半徑）有直接關係，因此，他不取直徑為某個固定的量，而是考慮將某圓的直徑分成 120 等分，然後，將弦長用直徑 120 等分中的「部分」來表示，例如，他以圓內接正六邊形考慮 60° 所對的弦長：

明顯地，圓內接正六邊形的邊長，即圓心角 60° 所對的弦長，等於圓的半徑，即為 60^p。

其中 60^p 的上標 p 用來表示直徑的「部分」(parts)，因此，當他將此弦表應用在實際觀測上的時候，只要利用比例調整即可得到對應於某半徑的弦長。

在《大成》的第 1、2 卷解釋完所需的數學天文理論之後，托勒密開始解釋行星的運行與其理論，包括太陽（第 3 卷)、月亮（第 4, 5 卷)、太陽與月亮的相對位置（第 6 卷)，星座圖（第 7, 8 卷)，最後五卷則討論包括水星、金星、火星、木星與土星的五大行星理論。就原創性而言，這可能是托勒密最偉大的貢獻，因為在他的《大成》之前，並沒有出現任何足以解釋這五大行星運動的理論模型。托勒密在《大成》以及後來的《行星假說》(*Planetary Hypotheses*) 中，使用偏心輪 (eccentrics) 與本輪 (epicycles) 的幾何模型，來解釋行星的運動軌跡，因而得到比前人更多的數學細節以及更準確的預測。

圖 3: 喬治・範・派爾巴赫 (Georg von Peuerbach, 1423–1461) 與他的學生約翰・繆勒 (Regiomontanus, Johannes Müller von Königsberg, 1436–1476) 合著的 *Theoriae Novae Planetarum* (1474) 一書中所解釋的托勒密偏心輪與本輪的幾何模型

四、托勒密定理與弦表的製作

想像一下，當我們想要製作一張圓心角所對應弦長的弦表時，應當如何著手？理所當然地要從特殊角開始。首先，托勒密從圓內接正五邊形與正十邊形得到 72° 與 36° 所對的弦長；再由特殊的圓內接正六邊形、正方形與正三角形得到 60°、90° 與 120°。接著，托勒密證明了一個定理，即是現今我們所稱的托勒密定理。他將此定理在製作弦表時的地位，說明得相當清楚，如下圖 4：

接下來，藉著解釋一個對目前所處理的東西相當有用的定理，我們將證明如何從我們已經有的弦長，連續地推得其他的弦長。
有一圓及圓內接任意四邊形 $ABCD$，連接 AC 及 BD。
證明矩形 $[AC, BD]$ = 矩形 $[AB, DC]$ + 矩形 $[AD, BC]$。

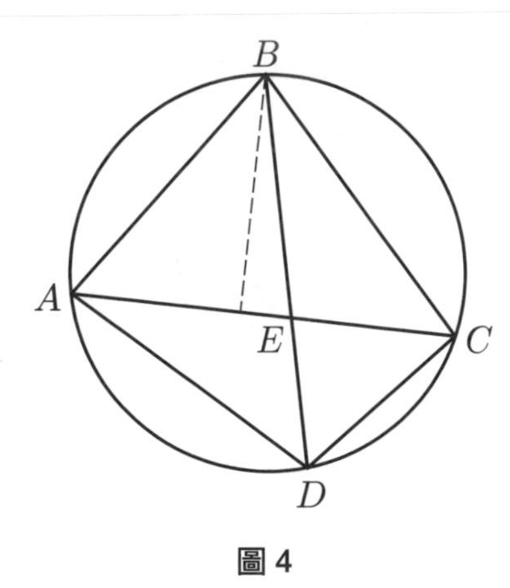

圖 4

在這個定理的陳述中，可以清楚的看見命題的表示形式和現在有所不同。在古希臘的傳統中，他們將數字看成幾何量，一個正數代表一個線段，因此兩正數相乘即是兩線段所成矩形的面積，並以它的兩邊長表示，如矩形 $[AC, BD]$ 表示以 AC, BD 為兩邊所成的矩形面積。因此，此定理用現在的術語來表示，也就變成了「任意圓內接四邊形中，對角線的乘積等於兩雙對邊的乘積和。」

在托勒密之前，雖然有些天文學家嘗試作出類似的弦表，但是，並沒有證據顯示在他之前有任何人證明此定理，或是用了類似的幾何性質來處理弦長，因此這個定理冠上托勒密的名字他當之無愧。在這個定理中，若將圓內接四邊形特殊化成圓內接長方形，對角線 AC 為直徑為 1 時，若 $\angle BAC = \alpha$，則可以輕易的得到 $\sin^2\alpha + \cos^2\alpha = 1$ 這個重要公式（見下圖 5）。

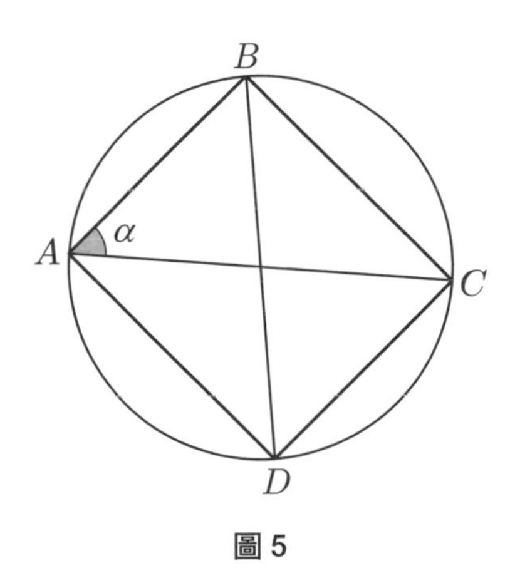

圖 5

接著利用此定理，托勒密得到了差角公式：當兩個角度所對的弦長已知，角度相減時所對的弦長亦可知，以現代符號表示，此即正弦函數的差角公式：

$$\sin(\alpha - \beta) = \sin\alpha\cos\beta - \cos\alpha\sin\beta$$

因此，由於 60° 與 72° 所對的弦長已知，可得 12° 所對的弦長。接著再利用此性質推得半角公式：

$$\sin^2\frac{\alpha}{2}=\frac{1}{2}(1-\cos\alpha)$$

由此可得 6°、3°、$1\frac{1}{2}$° 以及 $\frac{3}{4}$° 的弦長，其中 $\mathrm{crd}(\frac{3}{4}°)=0;\ 47,\ 8^p$（六十進位制表示，即 $0+\frac{47}{60}+\frac{8}{60^2}$），$\mathrm{crd}(1\frac{1}{2}°)=1;\ 34,\ 15^p$。然後再利用托勒密定理得到和角公式：$\cos(\alpha+\beta)=\cos\alpha\cos\beta-\sin\alpha\sin\beta$，亦可得和角的正弦值。到此為止，距離托勒密完成以 $\frac{1}{2}$° 間隔的弦表只差一步，就是 1° 所對應的弦長。

為什麼托勒密不直接將 $1\frac{1}{2}$° 三等分，如此不就可得到 $\frac{1}{2}$° 所對弦長了嗎？雖然沒有證據顯示，不過，托勒密應該知道幾何方法無法確定 $\mathrm{crd}(\frac{1}{2}°)$ 值，廣義地說，即無法將一角三等分，因此，他用了迂迴的方法來求得 crd(1°) 的近似值。首先他引用了下面的 Aristarchus 不等式：

給定兩條不同大小的弦，較大者與較小者的比小於較大者所對角度與較小者所對角度的比。

給一圓 *ABCD*，內接於此圓的兩條不等的弦，*AB* 為較小者，*BC* 為較大者。則弦 *BC*：弦 *AB* < 弧 *BC*：弧 *AB*。

從上述引理，托勒密得到這樣的性質：當 $\alpha<\beta$ 時，$\frac{\mathrm{crd}(\beta)}{\mathrm{crd}(\alpha)}<\frac{\beta}{\alpha}$。這個性質用現代符號關係來說，等價於隨著 x 趨近於 0 時，$\frac{\sin x}{x}$ 的值越

來越大（趨近於 1）。然後他將這個引理用在 $\frac{3}{4}°$ 與 1° 以及 1° 與 $1\frac{1}{2}°$ 上：

$\text{crd}(1°) < \frac{4}{3}\text{crd}(\frac{3}{4}°) = \frac{4}{3} \times (0;\ 47,\ 8) \approx 1;\ 2,\ 50$，得 $\text{crd}(1°) < 1;\ 2,\ 50^{p}$；

又 $\text{crd}(1°) > \frac{2}{3}\text{crd}(\frac{3}{2}°) = \frac{2}{3} \times (1;\ 34,\ 15) \approx 1;\ 2,\ 50$，

得 $\text{crd}(1°) > 1;\ 2,\ 50^{p}$ 兩邊夾擊，可得 $\text{crd}(1°) \approx 1;\ 2,\ 50^{p}$。

至此為止，托勒密弦表中所需的一切已經完成。另外，為使他的弦表可應用範圍擴充到角度為「分」（度的六十分之一），他在弦表上加上為插值而準備的第三欄，此欄計算角度增加 $\frac{1}{2}°$ 時，弦長從 $\text{crd}(\alpha)$ 到 $\text{crd}(\alpha + \frac{1}{2}°)$ 增加量的 $\frac{1}{30}$。下圖 6 就是托勒密所製造出的弦表的拉丁文版本。

Prima

Tabula prima chordarum arcuum: medietate et medietate partis superfluentium.					Pars tricesima superflui quod est inter omnes duas chordas, et est portio arcus unius minuti.			
Arcus		Chorde						
Partes	m	partes	m	s	partes	m	s	t
0	30	0	31	25	0	1	2	50
1	0	1	2	50	0	1	2	50
1	30	1	34	15	0	1	2	50
2	0	2	5	40	0	1	2	48
2	30	2	37	4	0	1	2	48
3	0	3	8	28	0	1	2	48
3	30	3	39	52	0	1	2	48
4	0	4	11	16	0	1	2	48
4	30	4	42	40	0	1	2	48
5	0	5	14	4	0	1	2	46
5	30	5	45	27	0	1	2	44
6	0	6	16	49	0	1	2	44
6	30	6	48	11	0	1	2	44
7	0	7	19	33	0	1	2	42
7	30	7	50	54	0	1	2	42
8	0	8	22	15	0	1	2	40
8	30	8	53	35	0	1	2	38
9	0	9	24	54	0	1	2	38
9	30	9	56	13	0	1	2	38
10	0	10	27	32	0	1	2	34
10	30	10	58	49	0	1	2	32
11	0	11	30	5	0	1	2	32
11	30	12	1	21	0	1	2	30
12	0	12	32	36	0	1	2	28
12	30	13	3	50	0	1	2	28
13	0	13	35	4	0	1	2	24
13	30	14	6	16	0	1	2	22
14	0	14	37	27	0	1	2	22
14	30	15	8	38	0	1	2	18

Secunda

Tabula secunda chordarum arcuum: medietate et medietate partis superfluentium.					Pars tricesima superflui quod est inter omnes duas chordas, et est portio arcus unius minuti.			
Arcus		Chorde						
Partes	m	partes	m	s	partes	m	s	t
23	0	23	55	27	0	1	1	32
23	30	24	26	13	0	1	1	30
24	0	24	56	58	0	1	1	26
24	30	25	27	41	0	1	1	22
25	0	25	58	22	0	1	1	18
25	30	26	29	1	0	1	1	14
26	0	26	59	38	0	1	1	12
26	30	27	30	14	0	1	1	8
27	0	28	0	48	0	1	1	4
27	30	28	31	20	0	1	1	0
28	0	29	1	50	0	1	0	56
28	30	29	32	18	0	1	0	52
29	0	30	2	44	0	1	0	48
29	30	30	33	8	0	1	0	44
30	0	31	3	30	0	1	0	40
30	30	31	33	50	0	1	0	36
31	0	32	4	8	0	1	0	28
31	30	32	34	22	0	1	0	26
32	0	33	4	35	0	1	0	22
32	30	33	34	46	0	1	0	18
33	0	34	4	55	0	1	0	17
33	30	34	35	1	0	1	0	8
34	0	35	5	5	0	1	0	1
34	30	35	35	6	0	0	59	58
35	0	36	5	5	0	0	59	52
35	30	36	35	1	0	0	59	48
36	0	37	4	55	0	0	59	44
36	30	37	34	47	0	0	59	38
37	0	38	4	36	0	0	59	32

圖 6： 1515 年出版的拉丁文版本《大成》中的弦表的一部分

托勒密的著作除了《大成》之外，還有上述提及的《行星假說》，在這本書中以更清楚的機械模型取代抽象的幾何理論。他另外的主要作品還有《地理學》，其中，他將球形的地球投影到平面，並在繪製的地圖上加上了類似經緯線的坐標系統，雖然以現代的眼光來看有許多不正確之處，卻是在他那個時代所能做到的最佳表現了。托勒密還寫過《光學》以研究光的反射折射等現象。除了這些嚴肅的數學與科學理論研究著作，托勒密也寫過占星術的書，他認為《大成》這本書讓人們發現星體的位置，而他的占星術則是描述星體對人們生活影響的配套作品。

五、結語

托勒密生活在距離我們太遙遠的年代，想要正確地理解與欣賞他的成就，必須將自己置身於同樣的脈絡之中。托勒密以及他的前輩們所想要的，不過是角度與弦長的對應函數而已。我們不要忘了，他們討論的對象是在宇宙這個大天球裡，進行圓周運動的那幾顆小星球，因此，他們測量與計算的一切要件，都是圓內接三角形。若我們將圓的直徑設為 1，托勒密的正弦定義就可完美地轉化成現代三角學的重要公式——正弦定理（如圖 7），所以，托勒密明白地告訴我們：當圓周角為已知時，它所對應的弦長即可用正弦的定義關係來表示，正弦函數的意義也能由此完全發揮功用。

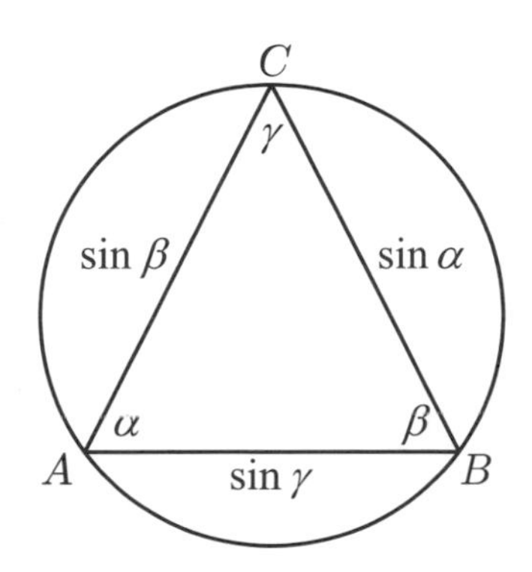

圖 7：正弦定理的證明 $\frac{\overline{BC}}{\sin\alpha}=2R=1,\ \overline{BC}=\sin\alpha$

另外，有關托勒密定理的重要性亦經常被忽略或低估。現在高中數學教材裡提到的托勒密定理，感覺上只是個無關緊要的幾何常識，有時甚至被當成考倒學生的難題，而出現在學習評量過程之中。然而，正是基於這個定理，托勒密才得以完成這整張弦表。

現在，讓我們運用現代符號簡單說明：托勒密如何輕易地利用此定理，導出兩個三角函數中的重要公式：差角與和角公式。事實上，他將圓內接四邊形特殊化，若將圓的直徑設為 1，當吾人知曉托勒密定理之後，由圖 8 即可看出：

$$\sin(\alpha+\beta)=\sin\alpha\cos\beta+\cos\alpha\sin\beta$$

與 $\sin(\alpha-\beta)=\sin\alpha\cos\beta-\cos\alpha\sin\beta$

不證自明!

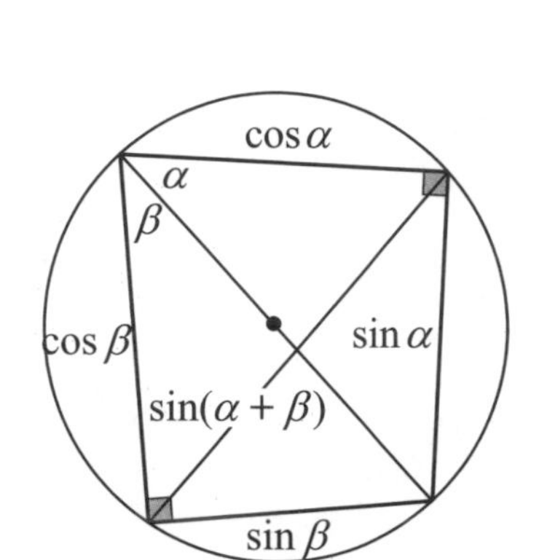

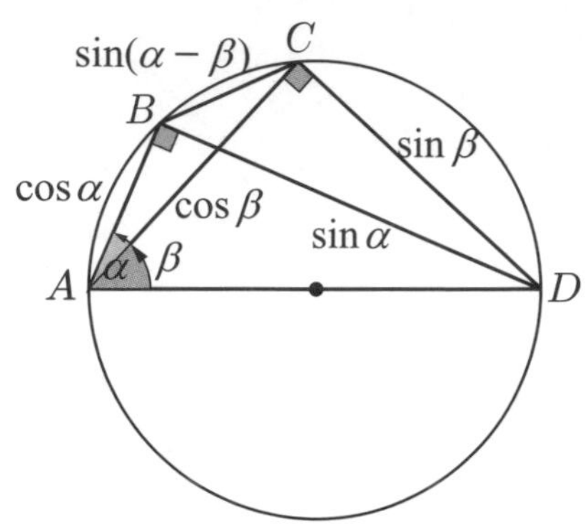

圖 8

當我們在枯燥乏味的三角函數課程裡，拼命地從代數操作中理解這些符號的意義時，托勒密用一個簡單的定理，就讓我們見識到幾何學的精妙之處。

這張弦表以及十六世紀納皮爾 (John Napier, 1550–1617) 的對數發明，讓天文學者不必浪費太多寶貴的時光在無聊冗長的計算上，進而創造出更輝煌的科學文明。下次，當我們仰頭欣賞滿天星光的同時，試著讓心靈穿越歲月的洪流，同心感受幾千年來無數數學與天文學家，為了理解這片浩浩無垠的宇宙所付出的心血與努力，閃爍的星光或許從此有著不同的意義。

參考文獻

1 Katz, Victor (1998), *A History of Mathematics: An Introduction* (2nd edition). Boston: Pearson Education, Inc.

2 O'Connor, J. J. and E. F. Robertson. "Claudius Ptolemy", http://www-history.mcs.st-andrews.ac.uk/Biographies/Ptolemy.html

3 Ptolemy (1939), *Almagest* (English translation by Ivor Thomas) in *Greek Mathematics Volume II: From Aristarchus to Pappus*. Cambridge: Harvard University Press.

4 Ptolemy (1992), *Almagest* (translated by R. Catesby Taliaferro) in *Great Books of the Western World Volume 15*. Chicago: Encyclopædia Britannica, Inc.

5 Ptolemy (1984), *Almagest* (translated by G. J. Toomer). London: Gerald Duckworth & Co. Ltd.

6 毛爾 (Eli Maor)（胡守仁譯）(1998),《毛起來說三角》，臺北：天下文化出版社。

圖片出處

圖 1：Wikimedia Commons

圖 3：Wikimedia Commons

圖 6：Wikimedia Commons

數學家的歷史定位：以祖沖之、李淳風傳記為例

黃俊瑋

一、前言

數學知識是永恆不變的嗎？數學知識是否獨立於時間與空間，這一問題近來引發了越來越多數學家與數學哲學家的討論。另一方面，關於數學史的脈絡性亦同樣值得討論。數學史學史 (historiography of mathematics) 是時間與脈絡的函數嗎？它是否可以脫離時空脈絡，獨立而客觀地被史家們書寫？聚焦而言之，對於同一數學家而言，不同時空、不同脈絡、透過不同史官觀點下所書寫的傳記，是否客觀地維持了不變性？又或者數學家的傳記內容，亦隨著不同時空、脈絡而有所改變？還有，內容的改變主要發生在哪些方面呢？

在本文中，我打算以李淳風 (602–670) 和祖沖之 (429–500) 的相關傳記為例，參考《舊唐書》、《南史》、《南齊書》等史料、清代阮元之《疇人傳》乃至現代版的李淳風傳[1]，分析與探討下列問題：對於這二位傳主而言，這一千年之間史家們的書寫有何不同？同時，這些又展現了什麼樣的歷史意義？

中國歷代正史的列傳中，李淳風的傳記被收入《舊唐書》卷七十九，至於祖沖之的傳記，則收入《南史》卷七十二、《南齊書》卷五十二以及《隋書》卷十六。此外，清代阮元之《疇人傳》也為兩人立傳。其中〈疇人傳卷第八〉是為祖沖之的傳記，而〈疇人傳卷第十三〉的傳主是李淳風。

除了這些歷代之正史或傳記之外，現代史家亦為李淳風與祖沖之作傳，當然，也不乏只是針對相關史料進行整理。其中，收錄中國歷代疇人資料最豐富的，是《中華人物史鑑》(春秋一清末)。本書第四卷的〈疇人卷〉之中，依朝代順序排列，總共收錄了從春秋至清末共 140 個疇人，其體例可分成三個部分，第一個部分主要是編者利用約 100–200 字的簡短篇幅，以現代白話文的方式為疇人立傳，簡介其生平背景與重要事蹟和著作。接著，「正史」的部分，則是抄錄或節錄歷代正史本文，並以現代的標點符號和格式編輯之。以祖沖之為例，編者就引述「《南齊書・祖沖之傳》卷五十二」，而李淳風的部分，則引述「《舊唐書・李淳風傳》卷七十九」。在正史本文之後，則是編者對於該正史本文的相關注釋內容。最後的第三個部分，則是「相關史料」，除了上述編者所選錄的正史列傳，也補充上述正史文獻之外，其他正史為該疇人所作之傳，編者也一樣為這些相關史料作注釋。然而，

❶相關簡介參張宏儒、張曉虎主編，〈疇人卷〉，《中華人物史鑑》。吳文俊，《世界著名數學家傳記》(1995)。張彤編譯，《中國歷代科學家傳》(1993)。

包括祖沖之與李淳風在內，該書都只是選錄單一部正史的列傳內容，其他例如《南史》卷七十二、《隋書》卷十六，以及阮元之《疇人傳》之中有關於這二人的傳記，皆未被收錄於其中。

另一方面，張彤編譯的《中國歷代科學家傳》(1993)，以及吳文俊所主編的《世界著名數學家傳記》(1995)，則是現代史家對數學家與科學家的傳記書寫。其中，《中國歷代科學家傳》的體例主要由導語和譯文所組成。「導語」置於各傳譯文之前，為編者所撰寫，對傳主生卒年、主要事蹟、歷史功過作扼要的說明。譯文採直譯的方式，使用通俗、簡潔的書面語，力求信、達、意❷。有關譯文的部分，祖沖之傳包含了《南史》卷七十二、《南齊書》卷五十二、《隋書》卷十六，以及《疇人傳》卷八。由於取材範圍較廣，因此，編者針對各代傳記內容，採部分重點節錄翻譯，力求完整並避免重複。至於李淳風的部分，由於僅收錄了《舊唐書》卷七十九的傳記內容，因此，編者就進行通篇的翻譯。

吳文俊所主編的《世界著名數學家傳記》，是由多位史家寫成，然而，由於寫傳對象為全世界數學家，因此，其中僅有杜石然為祖沖之作傳，而李淳風則遭到割愛。

接下來，筆者將以李淳風的傳記為例，分別比較三個不同時空背景下所完成之傳記：1.《舊唐書》，2.清阮元之《疇人傳》，以及 3.《中華人物史鑑》之生平簡介與《中國歷代科學家傳》之「導語」部分。

❷引自張彤編譯，《中國歷代科學家傳》(1993)，頁 2。

三、四份史傳異同之比較

正如前述，李淳風相關的傳記被收入 1.《舊唐書》卷七十九、 2. 阮元《疇人傳》卷十三、 3.《中華人物史鑑》第四卷〈疇人卷〉李淳風傳[3]，編者所作的簡單生平介紹，以及 4.《中國歷代科學家傳》的「導語」部分。在下文中，分別以「舊唐書 79」、「疇人傳 13」、「史鑑簡介」以及「導語」來簡稱這四份傳記文獻。

在本文附錄的表中，摘錄上述四份傳記文獻中，各作者與編者所提及的關於李淳風的重要事蹟與相關著作。以下，我們根據此一表列，進一步比較這四份史傳文獻內容之異同。

對於李淳風的生平，四份文獻第一句話皆是「李淳風岐州雍縣人」，交代了李淳風的出生地，其中，只有現代版的「史鑑簡介」和「導語」提到其生卒年 (602–670)，並且特別提到李為「唐初的天文學家和數學家」，而「舊唐書 79」、「疇人傳 13」則未曾特別強調，其中僅「舊唐書 79」提到他於六十九歲去世。

就李淳風的宦途來說，「舊唐書 79」、「疇人傳 13」及「史鑑簡介」皆提及了「與傅仁均爭曆法，議者多附淳風，故以將仕廊直太史局」之事，而「導語」只提到李「將仕廊直太史局」，並沒有說明相關原因。「舊唐書 79」、「疇人傳 13」及「史鑑簡介」都提到他因製造渾天儀，並著《法象志》被升為承務郎之事，而「導語」僅提到李著《法

[3] 張宏儒、張曉虎主編，〈第四卷〉，《中華人物史鑑》(春秋–清末)，頁 4224–4246。

象志》七卷，討論前代渾天儀的得失，並未提到至承務郎之職。最後，「舊唐書 79」與「疇人傳 13」提到李於貞觀二十二年，升任太史令之事，「史鑑簡介」則云「貞觀十五年至二十二年官居太史令」，然而，「疇人傳 13」並未提及任職年份。

接著，就李淳風的相關著作與製器而言，四份史傳文獻皆有豐富的記載。首先是天文曆法方面。太宗時期，李淳風製新渾天儀，與著《法象志》七篇，以及唐高宗時，修改《皇極曆》並編成《麟德曆》之事，都是史家作傳重點，只有「疇人傳 13」提到他曾作《甲子元曆》。「史鑑簡介」提到他著有《乙巳占》一書，總結前人天文成果，而「舊唐書 79」與「導語」僅略提本書，「疇人傳 13」則付諸缺如。另外，值得注意的是，「舊唐書 79」、「疇人傳 13」與「導語」皆特別強調李淳風評論過去渾天儀之得失，以及介紹說明他所製造渾天儀的相關構造、特色與功用，而針對他在曆法上的成就，也有相當篇幅的介紹與說明。

李淳風既曾任太史令，他的史書編寫也值得後世史家注意。四份史傳文獻皆記載了他參與《晉書》、《五代史》之編寫，其中「舊唐書 79」與「導語」指出《天文》和《律曆》、《五行志》皆為其著作。然而，「疇人傳 13」與「史鑑簡介」則未提及《五行志》。

「舊唐書 79」、「史鑑簡介」與「導語」都記載李淳風著有《典章文物志》、《祕閣錄》，「史鑑簡介」更補充說其已亡佚，另只有「舊唐書 79」提到《齊民要術》。而「疇人傳 13」則未提到這三本書。另外，僅有「舊唐書 79」記載他參與《文思博要》的撰寫。

至於李淳風對數學的主要貢獻而言，主要在於其注解《算經十書》。「舊唐書 79」、「疇人傳 13」與「導語」皆記載李淳風和國子監算學博士梁述等人校注了《五曹算經》、《孫子算經》等十部算經之事。不過，「史鑑簡介」則未提到這件重要的事。

最後，有關李淳風的「軼聞」，「舊唐書 79」以不少的篇幅，記錄了李淳風如何巧妙回應唐太宗《祕記》所提到的女禍：「唐三世之後，則女王武王代有天下」的一段對話。同時，他也準確地根據天象占卜，作出吉凶的預告：「淳風每占候吉凶，合若符契」，不過，其他三份歷史文獻，皆未提到上述這兩件事。

接下來，我打算根據上述的初步比較，作更進一步地分析與討論。

四、穿越一千多年的李淳風

首先，我們可以特別注意到，四份文獻中，僅「舊唐書 79」詳細地記載了關於李淳風和唐太宗討論《祕記》所提到的女禍：「唐三世之後，則女王武王代有天下」的一段對話，同時也記述李淳風依天象占卜作吉凶預言之事。對於唐朝史官而言，有關於皇帝（唐太宗）的相關語錄、攸關唐代政權、唐代興衰之事，勢必是他們最為關切之焦點，因此，就書寫「舊唐書 79」的史官而言，必然認為這是極有意義而重要之事，因而針對這段李淳風與唐太宗之對話內容，以及李淳風占卜測吉凶之事，當然也就極為重視。然而，反觀以為「疇人」立傳為目的的阮元而言，他所關心的，乃是李淳風身為疇人的角色，及其在天文、曆算上的主要貢獻與成就，乃至李淳風又留下了哪些重要的著作、器械發明，以及其為當朝所制定的曆法等，才是《疇人傳》所關心之重點，自然無意書寫「女禍」與「占卜」等非實證之事蹟。事實上，阮元在〈疇人傳凡例〉中，即明白指出「專取步算一家，其以妖星、暈珥、雲氣、虹霓占驗凶吉，及太一、任遁、卦氣、風角之流涉于內學者，一概不收」，無怪乎有關李淳風占卜預吉凶之事，並不為《疇人傳》所青睞。

就天文曆法的成就而言，除了「史鑑簡介」受篇幅所限，僅輕描淡寫地提及製渾天儀和曆法之成就，其他無論是「舊唐書 79」、「疇人傳 13」或者「導語」等文獻，皆以不少的篇幅，說明他所製渾天儀的相關構造、特色與功用，以及與渾天儀相關的《法象志》。對他所著述《麟德曆》及其在曆法上的成就，也都有相當篇幅的介紹與記載。這些都足以見證：就歷代史官的角度來看，李淳風在製渾天儀以及對於天文、曆法上的貢獻與成就，為其一生極重要之事蹟。

就李淳風的史官身分而言，四份史傳文獻均記載了他參與《晉書》、《五代史》之編寫工作。至於李淳風一生重要的著作而言，各傳記所關注的焦點亦有不同，其中以「舊唐書 79」之記載最為齊全。而「疇人傳 13」所記載的，則以天文、曆法、算書之著作為主，例如《典章文物志》、《祕閣錄》以及《齊民要術》等，至於與天文、曆算比較無關的書，則未特別提及。

「導語」和「史鑑簡介」對於李淳風的生平，皆特別記載了他是「唐初的天文學家和數學家」，突顯他不僅在天文曆法上，同時在數學上也有重要成就，而「舊唐書 79」、「疇人傳 13」則未置一詞。然而，就其「數學家」的身分而言，李淳風最主要的貢獻在於為《算經十書》作注。「舊唐書 79」、「疇人傳 13」與「導語」皆有相關記載。反而「史鑑簡介」雖言其數學家之身分，竟隻字未提這件最關乎數學的重要之事。

然而，無論是「舊唐書 79」、「疇人傳 13」或者「導語」來看，皆以相當份量的傳記篇幅，記錄了李淳風在制定曆法與製渾天儀之成就。針對李淳風既為「天文學家」又為「數學家」的雙重身分，史官所給予的著墨與篇幅，也充分反映了下列事實：從當代史官的角度來看，曆法之施行與製器觀天象（渾天儀）之用，以及占卜吉凶之事，對於當時整個朝政而言，其重要性的確重於算書之校注工作，尤其以《算經十書》作為主要教科書的「明算科」，主要針對低階技術官僚取才為目的。由此看來，天文曆算攸關國家大事，其重要性與意義自然非注算書可比擬。

從上面的例子，我們不難發現基於不同時空、不同脈絡以及不同立傳目的，史家們為傳主立傳時，所記載的內容或者所關注之焦點，並不全然一致。我們可以進一步地以祖沖之的例子來作佐證。

五、再看李淳風與祖沖之傳

就正史來看，比較《舊唐書》卷七十九的李淳風傳，以及《南史》卷七十二和《南齊書》卷五十二的祖沖之傳之篇幅，我們可以發現史官為這二位傳主立傳之篇幅大致相同。然而，如果再比較《疇人傳》的內容，阮元共以 15 頁的篇幅為祖沖之作傳，但卻僅以約不到 3 頁的篇幅為李淳風作傳。因此，比較編輯《舊唐書》與《南史》之純史官的角度，以及以「疇人」之角色為目的而立《疇人傳》的阮元的觀點來看，祖氏與李氏之重要性，與其值得書寫的篇幅，明顯大不相同。

就阮元為疇人立傳的角度來看，祖沖之無論是曆法上或者數學上的貢獻，皆值得特別注意，而李淳風之成就，則著重在於天文曆法與製器之事上，其注釋算書之事，便顯得無足輕重了。

同時，若從李淳風注釋算經，以及祖沖之求圓周率皆非國家要事來看，不難理解何以當時史官輕描淡寫帶過二人對於算學上的貢獻。有關這一點，我們從祖沖之傳的相關內容亦可明瞭。《南史》卷七十二與《南齊書》卷五十二皆強調祖沖之對於曆法以及製器上的貢獻與意義，反而未特別提到其數學上的重要成就「求圓周率的近似值」等。而《南史》與《南齊書》卷五十二皆僅提及其「特善算」以及「注《九章》和造《綴術》數十篇」。直到《隋書》卷十六才記載：

圓周率三，圓徑率一，其術疏外。自劉歆、張衡、劉徽、王蕃、皮延宗之徒，各設新率，未臻折衷。宋末南徐州從事史祖沖之更開密法，以圓徑一億為一丈，圓周數盈數三丈一尺四寸一分五釐九毫二秒七忽，朒數三丈一尺四寸一分五釐九毫二秒六忽，正數在盈朒二限之間。密率：圓徑一百一十三，圓周三百五十五；約率：圓徑七，圓周二十二[4]。

至於阮元之《疇人傳》，也主要記載祖沖之在天文與曆法上的成就，僅在該傳之第 14 頁起，才提及其「特善算」，並引上述《隋書》關於圓周率的記載，以及「設開差冪、開差立」和「注九章造綴術」等數學上的重要成就。最後，並論及《綴術》一書亡佚的原因：「其所著綴術，唐立於學官限習四歲，視五曹、孫子等經限歲最久。其為祕奧不易研究知，自宋以來，數學衰歇，是書遂亡。」然而，比較天文曆法成就的篇幅，編者有關他的算學之說明，仍有明顯差距的不足。

[4] 引自《隋書》卷十六。

至於現代數學史家的觀點下的祖沖之，以史家杜石然所撰寫的祖沖之傳為例[5]，我們可以發現立傳重心更加明顯轉變了。他花了 13 頁左右的篇幅來為祖沖之立傳，除了生平介紹中多處穿插提到其數學的成就之外，有超過一半的篇幅皆著重於其數學成就的介紹，而後才以三頁的篇幅，說明他編制《大明曆》之重要性與意義，以及其所製之指南車等機械發明。所有這些都足以說明：經歷時空之變遷後，當代史官與現代數學史家論述的祖沖之，顯然大大地不同了。

特別是從「後見之明」來看，祖沖之的數學研究，使他成為數學史上在第五世紀的重要標竿人物。相反地，祖沖之念茲在茲的《大明曆》，或者歷代史家們大書特書他在天文曆法上的成就等，由於時空的轉變，它們對於「現代」的重要性與意義，已經不能與他的數學傑出貢獻相提並論了。《南史》卷七十二與《南齊書》卷五十二中「特善算」、「注九章造綴術」等簡短幾句話，在穿越千年的時空之後，祖沖之的數學成就儼然已經是現代數學史家立傳之主軸，以及最關切之要事了。

六、結論

就各朝代之正史而言，值得史官們為其列傳的重要人物想必相當多，也因此，對單一傳主而言，史官能在列傳中為其書寫的篇幅必然有限，特別具有疇人的身分但非朝廷要官者，勢必僅能納入史官眼中認為最重要的事件或著作。然而，如何為傳主的一生貢獻與成就進行

[5] 參考吳文俊，《世界著名數學家傳記》(1995)，頁 231–244。

客觀考察，便有賴於史官所在時空脈絡性了。

從李淳風與祖沖之的例子來看，諸如觀天文、制曆法抑或者占卜預測吉凶等影響國家施政之要事，當然是當代史官編史立傳時所關注之重點。另一方面，例如唐太宗下令李淳風製渾天儀，或者南齊皇帝下令祖沖之造指南車等，由於是直接與當朝皇帝有關的事蹟，且製器具有當代的實用目的，自然也特別獲得當代史官之青睞。因此，我們也不難想見，抽象而沒有立即便民實用價值的數學成就，或者注釋算經等，並非國家之要事，特別是唐代「明算科」取才僅以低階官吏為目的，當然非當代史官立傳書寫的要點了。

然而，對於近代的史家，無論是阮元或現代數學史家而言，由於目的不同，或者觀點互異，立傳之取材與著重之要點也隨之改變。阮元《疇人傳》主要強調「疇人」角色之重要性，因此，天文曆算之成就，便為其主要立傳之關注點，從而，在強調曆法與天文之餘，也同時記載了祖沖之對於圓周率之重要成就，並論及祖氏所寫《綴術》之失傳原因。而諸如李淳風一些與天文曆算無關的著作，即不被列入該傳記之中。

再回到現代，或許千年以前，疇人心中最珍視且具有重要意義的貢獻與成就，由於不合「現代」時宜的曆法（例如《大明曆》），反而不再是史家首要強調的重點，轉而凸顯祖沖之的數學成就。特別在中國史家觀點下，他們力圖彰顯過去中算之卓越成就與領先地位，而將祖沖之視為標竿人物，因此，他們必然特別強調他計算出圓周率的六位小數近似值的卓越性：π 介於 3.1415926 與 3.1415927 之間，以及求出「密率 $\frac{355}{113}$」，如何領先世界的重要數學研究成果。而不再完全著眼於那些「過氣」的曆法、器械，或者「過氣的歷史對話與事件」。同時，這些中國史家們對於祖沖之「為學態度與卓越成就」之推崇，又或者如杜石然所言：「他堅持這種嚴謹的治學態度，對於過去科學家們的工作反復考核」、「雖然他還很年輕，但事實上他已經攀登上了他生活時代的科學高峰」、「祖沖之為我們樹立了光輝的榜樣」等等[6]，也使得歷史傳記的書寫多了「教育」和「砥礪」讀者的啟蒙目的，而不再只是過去正史列傳般，單純地以「客觀」的記敘口吻為主體。

總之，我們不難發現：從過去到現代，從官方史料或不同數學史家角度為數學家所立之傳，隨著不同時空背景與脈絡，史家背後的不同立傳目的等等，皆影響了這些疇人之傳如何被書寫，也影響了史家所強調與欲突顯的重點，從而影響了史家的論述方式。換言之，數學史學史與時空脈絡息息相關，離不開脈絡所賦予的意義。

[6] 吳文俊，《世界著名數學家傳記》(1995)，頁 232–233。

參考文獻

1 阮元 (1955),《疇人傳》(重印本),臺北:臺灣商務印書館。

2 張宏儒、張曉虎主編 (1997),第四卷《疇人卷》,《中華人物史鑑》(春秋—清末),北京:團結出版社。

3 吳文俊 (1995),《世界著名數學家傳記》,北京:科學出版社。

4 張彤編譯 (1993),《中國歷代科學家傳》,臺北:建宏出版社。

附錄

「舊唐書 79」、「疇人傳 13」、「史鑑簡介」、「導語」之重點整理

<table>
<tr><td>「舊唐書 79」</td><td>一、生平
・李淳風岐州雍縣人。
・唐太宗初年，駁斥傅仁均關於曆法的議論，被授予將仕郎。
・因製渾天儀，並著《法象志》被升為承務郎。
・貞觀二十二年，升任太史令。
・六十九歲去世。
二、重要著作與製器
・注釋《老子》，撰《方志圖》、《文集》。
・評論舊渾天儀之缺失與誤差，並製作渾天儀。
著《法象志》論述前朝渾天儀之得失誤差。
・參與《晉書》、《五代史》的編寫，
其中《天文》和《律曆》、《五行志》皆為其著。
・參與《文思博要》的撰寫。
・和國子監算學博士梁述等人校注了《五曹算經》、《孫子算經》等十部算經。
・修改《皇極曆》，改撰《麟德曆》。
・撰寫過《乙巳占》、《典章文物志》、《祕閣錄》以及《齊民要術》。
三、其他事蹟
・巧應唐太宗《祕記》所提到的女禍：「唐三世之後，則女王武王代有天下」。
・準確地根據天象作出吉凶的預告。

◎特別強調其評論過去渾天儀之誤差以及對其渾天儀之說明，還有評論《祕記》和太宗之間的對話。</td></tr>
<tr><td>「疇人傳 13」</td><td>一、生平
・李淳風岐州雍縣人。
・與傅仁均爭曆法，議者多附淳風，故以將仕廊直太史局。
・製渾天儀與《法象》，擢承務郎。
二、重要著作與製器
・製渾天儀。
・著《法象》十篇。
・改《皇極曆》作《麟德曆》，高宗二年頒用。
・與算學博士梁述、助教王真儒等，同正《五曹算經》、《孫子算經》等書，刊定注解。
・立於學官，《晉書》、《五代史》、《天文》、《律曆志》皆淳風獨作。</td></tr>
</table>

	◎特別強調其評論過去渾天儀之誤差以及其渾天儀，還有其所作之曆法。
「史鑑簡介」	一、生平 ・李淳風（602–670）岐州雍縣人。 ・唐初的天文學家和數學家。 ・貞觀初年，因與傅仁均爭議曆法，得到參與議論者的贊同而進入太史局。 ・貞觀十五年至二十二年官居太史令。 二、著作與製器 ・貞觀七年製成新渾儀，並著《法象志》。 ・為《晉書》、《隋書》編寫《天文志》和《律曆志》。 ・唐高宗時，修改《皇極曆》編成《麟德曆》。 ・著有《乙巳占》一書總結前人天文成果。 ・撰有《典章文物志》、《祕閣錄》等書，都已亡佚。
「導語」	一、生平事蹟 ・李淳風岐州雍縣人 (602–670)。 ・唐初的天文學家和數學家。 ・貞觀初年以將仕郎值太史局。 ・年少博覽群書，精通天文、曆算。 二、著作與製器 ・貞觀初年，創造了渾天黃道儀（六合儀）。 ・著有《法象志》七卷，討論前代渾天儀之得失。 ・參加《晉書》和梁、齊、北齊、北周、隋五代史的修撰，負責《天文》和《律曆》、《五行志》。 ・唐高宗麟德二年，創制的《麟德曆》開始施行。 ・和算學博士梁述等人校注了《五曹算經》、《孫子算經》等十部算經。指出一些錯誤，並保存了祖氏原理及球體積公式等重要數學史料，對數學極有貢獻。 ・著有《乙巳占》、《典章文物志》、《祕閣錄》。 ◎著重其所製之渾天儀以及曆法成就。

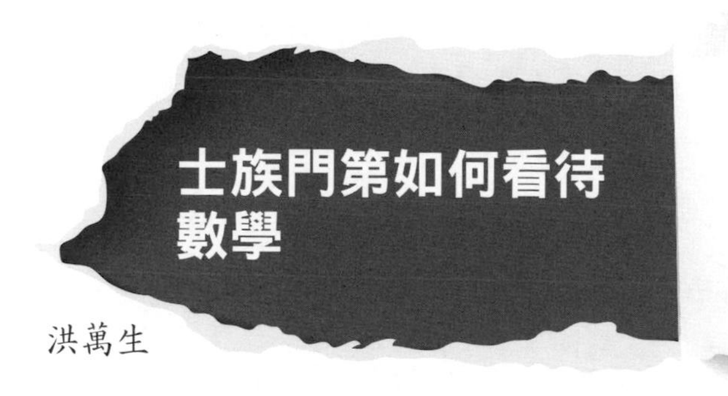

洪萬生

一、前言

將近三十年前，筆者撰寫〈重視證明的時代：魏晉南北朝的科技〉時，曾引述南齊顏之推 (531–591) 的一段文字，用以佐證數學知識的學術地位：

算術亦是六藝要事，自古儒士論天道、定律曆者，皆學通之。然可以兼明，不可以專業。江南此學殊少，唯范陽祖暅精之，位至南康太守，河北都曉此術[1]。

以上出自顏之推《顏氏家訓》卷七〈雜藝〉篇，是他對子孫的諄諄告誡之一。

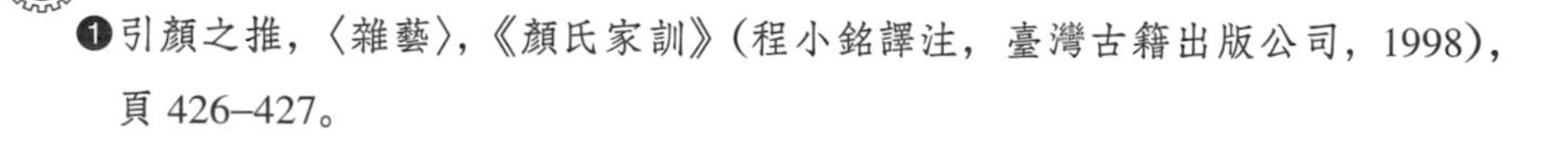

[1] 引顏之推，〈雜藝〉，《顏氏家訓》(程小銘譯注，臺灣古籍出版公司，1998)，頁 426–427。

當時，筆者只是藉以說明儒士對於數學知識的看法，未曾細考這一段文字的脈絡意義。現在，我們有機會詳閱本書內容（多虧了中國學者程小銘的譯注），這一段文字遂可賦予更深刻的意義。

二、三次被俘的顏之推

梁武帝中大通三年 (531)，顏之推生於江陵。西晉末，顏家九世祖顏含隨晉元帝南渡，是中原冠帶隨晉渡江百家之一。父親顏協曾任梁武帝第七子湘東王蕭繹的王國常侍、軍府的諮議參軍等職。顏之推在青少年時期「博覽群書，無不該洽；詞情典麗，甚為西府所稱」[2]。於是，他十九歲便擔任湘東王國右常侍，並加鎮西墨曹參軍，堪稱少年得志。不幸，兩年後，他被侯景叛軍所俘，例當見殺，賴人救免，被囚送建康（今南京）。翌年，梁軍收復建康，侯景敗死，顏之推才回到江陵，擔任梁元帝蕭繹散騎侍郎，奏舍人事，奉命校書，因得以盡讀祕閣藏書。梁元帝承聖三年 (554)，西魏軍攻陷江陵，時年二十四歲的顏之推再次被俘，被遣送到農郡（今河南靈寶縣北）李遠處掌書翰。在北齊文宣帝天保七年 (556)，他冒險逃至北齊，企圖由此返梁。但在北齊京城聽到梁將陳霸先廢梁自立，遂留仕北齊。

顏之推在北齊過了 20 年相當安定的生活，先後擔任趙州功曹參軍、黃門侍郎等職，主持文林館並主編《修文殿御覽》。這段時期，他的宦途相當得意，屢有升遷，但卻「為勳要者所嫉，常欲害之」[3]。

❷引〈顏之推傳〉，《北齊書・文苑傳》，收入顏之推，《顏氏家訓》，附錄頁 7。

❸引〈顏之推傳〉，《北齊書・文苑傳》，收入顏之推，《顏氏家訓》，附錄頁 8。

北周建德六年 (577)，周武帝滅北齊，顏之推第三次做了亡國奴，時年47歲。所幸，他在北周京城有機會擔任御史上士，然後，在隋取代周之後，被隋文帝太子楊勇召為學士。不久，他就病逝了。

顏之推著述有《文集》三十卷、《顏氏家訓》二十篇、《還冤志》三卷等等，今存世者僅《顏氏家訓》和《還冤志》，另《北齊書》存其〈觀我生賦〉一篇❹。

綜觀顏之推一生，他「作為一個高門士族的子弟，早傳家業，知書達禮，卻遭逢亂世，飽經憂患，三為亡國之人，性命幾乎不保。他這一特定的身世經歷，鑄就了他特定的思想性格，這些在《顏氏家訓》一書中有比較充分的反映。」(引程小銘語) ❺

三、《顏氏家訓》

《顏氏家訓》凡七卷，共二十篇，依序如下： 1.序致（寫作本書之宗旨）； 2.教子； 3.兄弟； 4.後娶（男子續絃及非親生子女問題）； 5.治家； 6.風操（避諱、稱謂、喪事等方面應遵循禮儀規範，並評論南北風俗時尚的差異優劣）； 7.慕賢； 8.勉學； 9.文章； 10.名實； 11.涉務； 12.省事（主張用心專一，不作非分之想）； 13.止足； 14.戒兵； 15.養生； 16.歸心（為佛教張目）； 17.書證； 18.音辭； 19.雜藝（談書法、繪畫、射箭、算術、醫學、彈琴、卜筮、棋博、投壺諸種雜藝）； 20.終制（對自己後事的安排，可視為作者的遺囑）。其中第 2–15 篇所論，無

❹參考程小銘，〈前言〉，顏之推，《顏氏家訓》，頁 4–5。

❺引程小銘，〈前言〉，顏之推，《顏氏家訓》，頁 5。

非儒士修身、齊家、治國、平天下的道理，只不過平添了亂世苟全的哲學。

這種苟全性命於亂世的哲學竟然無關老莊哲學，是一個值得注意的現象。儘管在〈勉學〉篇中，顏之推指出老子、莊子的處世風格：

夫老、莊之書，蓋全真養性，不肯以物累己也。故藏名柱史，終蹈流沙；匿跡漆園，卒辭楚相，此任縱之途耳❻。

並據以批評竹林七賢那些「玄宗所歸」的領袖人物，「直取其清談雅論，剖玄析微，賓主往復，娛心悅耳，非濟世成俗之要也。」因此，雖然梁元帝在江陵、荊州時曾十分愛好此道，「召置學生，親為教授，廢寢忘食，以夜繼朝，至乃倦劇愁憤，輒以講自釋」，顏之推當時也「頗預末誕，親承音旨」，可惜，他自承「性既頑魯，亦所不好云。」❼

或許正如程小銘所注意到，這是因為顏之推的「為官，主要是出於資蔭子孫，不辱先世的目的，而並不奢望在政治上有所作為，這與儒家主張積極入世，參預政治的觀念又是大相逕庭的。即使對於兒孫的仕宦，他也要求他們保持一種謹慎的中庸態度。」❽總之，亂世莫做大官，「中品以下的官，有一定身份地位，不致使官宦世家的門庭受辱，也就夠了。高於中品的官，權柄過重，處於政治漩渦的中心，容易遭致傾覆，應該堅辭不就，這就是顏之推總結自己宦海浮沉的經驗

❻引顏之推，〈勉學〉，《顏氏家訓》，頁 146。

❼引顏之推，〈勉學〉，《顏氏家訓》，頁 150。

❽引程小銘，〈前言〉，顏之推，《顏氏家訓》，頁 9。

得出的結論。」[9]

基於這些背景，〈雜藝〉篇既反映了儒家對於技藝的看法，也見證了擁有高超技藝的非顯士族之處境。無論如何，技藝總是涉及學習，不過，重點還是歸結到讀書上。在〈勉學〉篇中，顏之推明確指出：

夫明《六經》之旨，涉百家之書，縱不能增益德行，敦厲風俗，猶為一藝，得以自資。父兄不可常依，鄉國不可常保，一旦流離，無人庇蔭，當自求自身耳。諺曰：「積財千萬，不如薄伎在身。」伎之易習而可貴者，無過讀書也[10]。

此外，顏之推也非常重視學以致用，他認為學習的目的是為了粹練道德修養，開發心智，以利於行。因此，他反對只知「吟嘯談謔，諷詠辭賦」，而於「軍國經綸，略無施用」的空疏之學。無怪乎他主張讀書要「博覽機要」，領會精神實質，反對空守章句、繁瑣注疏的學風。同時，他也認為「農商工賈，廝役奴隸，釣魚屠肉，飯牛牧羊，皆有先達，可為師表，博學求之，無不利於事也。」可見，他是一位後世所謂的實學派人物（〈涉務〉篇亦可見證），承認農商工賈、販夫走卒都「可為師表」，於是，「博學求之」遂成為必須實踐的道德目標[11]。

[9] 引程小銘，〈前言〉，顏之推，《顏氏家訓》，頁 9。

[10] 引顏之推，〈勉學〉，《顏氏家訓》，頁 124–125。

[11] 參考顏之推，〈勉學〉，《顏氏家訓》，頁 129–130。

四、數學的知識地位

史家如有意考察中國南北朝時期儒士對待六藝的態度,〈雜藝〉篇絕對是重要的憑藉文獻之一。現在,就讓我們一起進入顏之推所謂的雜藝世界。

〈雜藝〉篇首論書法:

真草書迹,微須留意。……吾幼承門業,加性愛重,所見法書亦多,而玩習功夫頗至遂不能佳者,良由無分故也。然而此藝不需過精。夫巧者勞而智者憂,常為人所役使,更覺為累。韋仲將遺戒,深有以也[12]。

此外,顏之推也提及:

王褒地胄清華,才學優敏,後雖入關,亦被禮遇。猶以書工,崎嶇碑碣之間,辛苦筆硯之役,嘗悔恨曰:「假使吾不知書,可不至今日邪?」以此觀之,慎勿以書自命。雖然,廝猥之人,以能書拔擢者多矣。故道不同不相為謀也[13]。

按:韋仲將即韋誕,仕魏任光祿大夫,善書法。據說魏明帝修建殿堂,

[12] 引顏之推,〈雜藝〉,《顏氏家訓》,頁 414。
[13] 引顏之推,〈雜藝〉,《顏氏家訓》,頁 415。

命韋誕登梯題字，下來後頭髮都白了，於是，告誡子孫千萬不要再學書法。另外，王褒出身門第，為北周文學家[14]。

顯然，顏之推認為工於書法的門第子弟，如果官位不顯，則除了不堪役使之外，還被迫與「廝猥之人」為伍，而這當然有違「道不同不相為謀」了。

同理，針對繪畫素養，顏之推認為：

畫繪之工，亦為妙矣，自古名士，多或能之。……若官未通顯，每被公私使令，亦為猥役。吳縣顧士端出身湘東王國侍郎，後為鎮南府刑獄參軍，有子曰庭，西朝中書舍人，父子並有琴書之藝，尤妙丹青，常被元帝所使，每懷羞恨。彭城劉岳，橐之子也，仕為驃騎府管記，平氏縣令，才學快士，而畫絕倫。後隨武陵王入蜀，下牢之敗，遂為陸護軍畫支江寺壁，與諸工巧雜處。向使三賢都不曉畫，直運素業，豈見此恥乎[15]？

可見如果官未顯達，則被使役時必然「與諸工巧雜處」，從而羞辱了士族門第子弟的身分與地位。

至於音樂素養，雖然無關工巧混雜，但是，「見役勳貴」也令人難以忍受：

《禮》曰：「君子無故不徹琴瑟。」古來名士，多所愛好。洎於梁初，

[14] 參考顏之推，〈雜藝〉，《顏氏家訓》，頁 414。

[15] 引顏之推，〈雜藝〉，《顏氏家訓》，頁 420。

衣冠子孫，不知琴者，號有所闕；大同以末，斯風頓盡。然而此樂愔愔雅致，有深味哉！今世曲解，雖變於古，猶足以暢神情也。唯不可令有稱譽，見役勳貴，處之下座，以取殘杯冷炙之辱。戴安道猶遭之，況爾曹乎[16]？

按：戴安道即戴逵，晉朝人，博學能文，善鼓琴。武陵王司馬晞使人召之，戴逵當著使者的面將琴砸爛，嗆說：「戴安道不為王門伶人。」[17]

有關卜筮，顏之推的看法如下：

卜筮者，聖人之業也，但近世吳復佳師，多不能中。……世傳云：「解陰陽者，為鬼所嫉，坎壈貧窮，多不稱泰。」吾觀近古以來，尤精妙者，唯京房、管輅、郭璞耳，皆無官位，多或罹災、此言令人益信。倘值世網嚴密，強負此名，便有詿誤，亦禍源也[18]。

此外，有關天文氣象觀測以預測吉凶之事，顏之推也希望子孫「不勞為之」。這是因為：

凡陰陽之術，與天地俱生，亦吉凶德刑，不可不信；然去聖甚遠，世傳術書，皆出流俗，言辭鄙淺，驗少妄多。……拘而多忌，亦無益也[19]。

[16] 引顏之推，〈雜藝〉，《顏氏家訓》，頁 428。

[17] 參考顏之推，〈雜藝〉，《顏氏家訓》，頁 428–429。

[18] 引顏之推，〈雜藝〉，《顏氏家訓》，頁 423–424。

既然無益，也就不必費心接觸學習了。

緊接著，就是我們前引顏之推有關算術學習的教誨了：

> 算術亦是六藝要事，自古儒士論天道、定律曆者，皆學通之。然可以兼明，不可以專業。江南此學殊少，唯范陽祖暅精之，位至南康太守，河北都曉此術[20]。

在此一脈絡中，顏之推並未提及不堪役使之事，所以，「不可以專業」之勸誡，顯然是基於儒士的傳統考量。這或許是由於儒士論天道時，絕對不會「與諸工巧雜處」，至於定律曆則是有司專職，統治者應當不致於隨意指派儒士參預才是。

另一方面，這一段引文的後半段，相當值得玩味。根據顏之推的觀察，相對於河北而言，江南人氏精通此術者甚少，只有祖暅例外。祖暅的父親祖沖之是南北朝時期的傑出數學家，他在圓周率 π 近似值的推算上，擁有非常傑出的貢獻：π 的上下限——$3.1415926 < \pi < 3.1415927$；$\pi$ 的「漂亮」近似值——$\frac{355}{113}$[21]。此外，他在球體積公式 $\frac{4}{3}\pi r^3$ 的發現與論證上，也是劃時代的成就。由於唐初李淳風註釋《九章算術》時宣稱他引述祖暅〈開立圓術〉，因此，我們通常將後者同時

[19] 引顏之推，〈雜藝〉，《顏氏家訓》，頁 425。

[20] 引顏之推，〈雜藝〉，《顏氏家訓》，頁 426–427。

[21] 此處所謂的漂亮 (elegant)，是指任何有理數 $\frac{a}{b}$ 當作 π 的近似值時（理論上，此一說法永遠可行），如果 $0 \leq b \leq 113$，則 $\frac{a}{b}$ 之逼近程度總是不如 $\frac{355}{113}$。

歸功給他們父子。不過，祖沖之生前比較在乎的，可能是他制訂的《大明曆》有無機會被帝王所採納。這一個願望，後來就由他的兒子幫他實現了[22]。

祖暅（生卒年不詳）在梁朝初期曾兩度（504、509 年）建議修訂曆法，以他父親的《大明曆》取代何承天的《元嘉曆》。在實測之後，《大明曆》終於有機會在西元 510 年獲頒實施，這是祖沖之去逝十年的大事。西元 514 年，祖暅擔任材官將軍，負責治淮工程，不幸，兩年後，攔水壩被衝垮，他遂被拘服刑，隨即改官大舟卿。西元 525 年他在豫章王蕭綜幕府任官。蕭綜投奔元魏，祖暅被擄留置在徐州魏安豐王元延明賓館，幸被北朝天文家信都方發現，勸元延明禮遇他，並向他問學。後來，祖暅回到南朝，官至南康太守。他的兒子祖皓亦善算，不幸死於侯景之亂[23]。

按照年齡推算，顏之推略晚於祖暅一個世代，由於兩人都只是擔任中品之官，生涯遭遇又多少相近，所以，顏之推以他為例，顯然是就近取譬。只不過，從數學史料來看，北朝數學顯然不如南朝，何以顏之推強調「河北都曉此術」？這一問題還有待探討。

[22] 洪萬生，〈重視證明的時代：魏晉南北朝的科技〉，收入洪萬生主編，《格物與成器》（臺北：聯經出版公司，1982），頁 119。

[23] 參考嚴敦傑，《祖沖之科學著作校釋》（瀋陽：遼寧教育出版社，2000），頁 142–151。

五、結論

從士族門第的「家訓」這種文類，我們可以看到數學乃至於其他雜藝在儒士心目中的地位。其實，即使對祖暅來說，數學也是游藝的對象，儘管他與乃父的數學成就極高。這或許也解釋了《大明曆》的施行與否對他們父子的意義，似乎遠大於數學研究。無怪乎顏之推告誡子孫可以兼明數學，但不可專業。儒士生當亂世，雖然精通數學不見得像擁有書法、繪畫和音樂等深厚涵養一樣，容易受到勳貴役使，然而，鑽研數學畢竟不務正業，千萬不可當真。這種對待數學的態度即使生逢太平盛世，應該沒有兩樣才是。

在人類歷史上，數學的學術地位常常取決於該知識活動參預者 (practitioner) 的社會地位，顏之推的《顏氏家訓》為我們作了一個見證。

參考文獻

1 洪萬生 (1982),〈重視證明的時代:魏晉南北朝的科技〉,收入洪萬生主編,《格物與成器》,臺北:聯經出版公司,頁 111–163。

2 洪萬生 (2006),〈魅力無窮的「祖率」:355/113〉,收入洪萬生,《此零非彼 0:數學、文化、歷史與教育文集》,臺北:臺灣商務印書館,頁 86–100。

3 洪萬生 (2008),〈劉徽的墓碑怎麼刻?〉,《科學月刊》39 (4),頁 262–268。

4 顏之推 (1998)(程小銘全注全譯本),《顏氏家訓》,臺北:臺灣古籍出版社。

5 嚴敦傑 (2000),《祖沖之科學著作校釋》,瀋陽:遼寧教育出版社。

為阿拉真主研究數學：以奧馬・海亞姆為例[1]

黃清揚
洪萬生

啊！別人豈不說我的修曆
使歲月好算？不，
唯有將未降生的明日，
已逝去的昨天從曆書上消除，歲月才有改變。
《魯拜集》57

圖1：奧馬・海亞姆的畫像

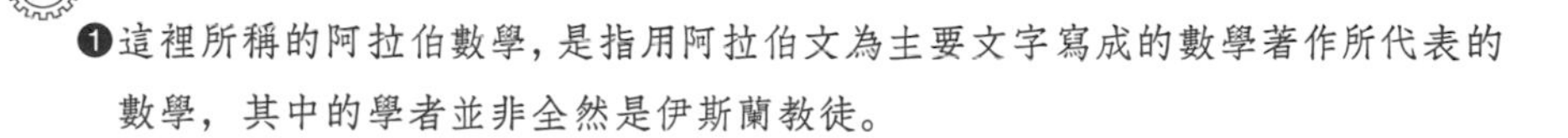

❶這裡所稱的阿拉伯數學，是指用阿拉伯文為主要文字寫成的數學著作所代表的數學，其中的學者並非全然是伊斯蘭教徒。

一、前言

西元九～十二世紀可說是阿拉伯文明的黃金時代，此時希臘數學衰微，中亞細亞成為新的文化中心。西元 766 年，阿拉伯帝國的阿拔斯王朝建都巴格達，是為塞爾柱王朝 (Seljuk)。之後於哈里發哈倫・拉西德 (Hārūn al-Rashīd) 統治期間 (786–809)[2]，在巴格達建立圖書館，收藏了許多希臘古典時期的手抄本。到了九世紀初，在熱心提倡學術的哈里發馬蒙（al-Ma'mūn，統治時期 813–833）的領導下，建立了後來延續 200 多年之久的學術研究機構——智慧宮 (House of Wisdom)，並廣泛網羅人才智庫。

由於統治者的鼎力支持，當時的阿拉伯帝國善於吸取外來的文化，同時，也把大量希臘和印度的學術著作翻譯成阿拉伯文。於是，許多優秀的學者便在這樣的背景之下產生，而且對後世數學及科學的發展，有著不可磨滅的影響，其中之一，便是名列四大阿拉伯科學家的奧馬・海亞姆[3]。

不過，從文化脈絡的觀點來看，奧馬・海亞姆所以值得我們注意，

---

❷哈里發 (caliph) 為伊斯蘭教先知穆罕默德逝世後，繼續執掌政教大權者的稱謂，原意為代理者、繼任人。西元 1258 年，阿拔斯王朝最後一位哈里發穆斯臺爾綏姆被蒙古旭烈兀軍隊殺害後，「哈里發」當作伊斯蘭國家最高政治和宗教領袖的職位，基本上已不復存在。

❸其餘三位分別是阿爾・花拉子模（Al-Khawārizmī，約 780–850）、阿爾・比魯尼 (al-Bīrūnī, 973–約 1055)、阿爾・卡西 (al-Kāshī, ?–1429)。參考 Berggren (1986)，頁 5–21。

乃是因為他的學術生涯不僅見證了伊斯蘭世界中的科學贊助，而且，也由於他的詩集《魯拜集》（*Rubaiyat*，意即四行詩），經過英國詩人費滋傑羅 (Edward Fitzgerald, 1809–1883) 英譯後廣泛傳頌，歷久不衰。事實上，很多人甚至不知道他曾經是一位偉大的數學家與天文學家。

二、生平

奧馬・海亞姆（Omar Khayyam 或 ʿUmar al-Khayyāmī，約 1048–1131，全名 Ghiyāth al-Dīn Abu'l-Fath ʿUmar ibn Ibrāhīm Al-Nīsaburī al-Khayyāmī）出生於波斯霍拉桑的內沙布爾（Nishāpūr，今伊朗境內的 Khurasān），卒於同地。根據他的名字 al-Khayyāmī（帳棚製造者），我們推測他的父親或先人可能從事帳棚製造的生意。

在奧馬・海亞姆出生前不久，塞爾柱突厥（土耳其）人入侵西亞，建立了一個包括美索布達米亞、敘利亞、巴勒斯坦以及伊朗大部分地區的軍事帝國。在 1038–1040 年之間，塞爾柱突厥人又占領了伊朗東北部，其統治者 Toghril Beg 自稱為內沙布爾蘇丹，並在 1055 年進駐巴格達城。因此，奧馬・海亞姆的一生，與伊斯蘭世界戰亂之頻仍，可說是糾結在一起。

我們並不太了解奧馬・海亞姆年輕時的活動，只知道他在內沙布爾求學，在 17 歲時便精通哲學的所有領域，可見他早年即顯露出眾的才學。傳說他曾與同窗好友尼扎姆・穆勒克 (Nizam al-Mulk) 和哈桑・薩巴赫 (Hasan Sabah) 協議，無論哪一位先獲得高官或發了大財，就得幫助另外兩人。後來，尼扎姆成為塞爾柱蘇丹的重臣，於是，他便推薦哈桑成為宮廷司庫，可是，奧馬卻拒絕了高官，轉而接受一個適當薪俸的官職，以便有閒暇從事研究與寫作。這個官職，應該就是後來他所擔任的天文臺臺長。

西元 1070 年，奧馬・海亞姆來到撒馬爾干（Samarkand，今烏茲別克境內），並在著名法學家 Abū Tāhir 的贊助下，寫下不朽的《代數學》(*Treatise on Demonstration of Problems of Algebra*)。在這之前，他很可能曾經回到老家繼承帳棚製造的家業。對於早年這種有志難伸的處境，他在《代數學》序言中，抒發了極深刻的感慨：

長久以來，我總是被令人心煩的障礙所阻攔，找不出時間來完成這部著作，或者根本無法集中思緒⋯⋯。我們大部分的同代人都是些偽科學家，他們將真理與虛假混為一談，不以詐欺和賣弄學問為恥，把所知的那一點科學知識只用在低賤的現實目的。當他們看見一個人寧要誠實、盡力排斥虛假與謊言，並且迴避虛偽與背信時，他們便侮辱他、作弄他。

不久，顯然出自尼扎姆的推薦，奧馬・海亞姆在蘇丹馬利克沙 (Malik-Shah) 的邀請下，前往伊斯法罕（Isfaham，今伊朗境內），擔任當地天文臺臺長達 18 年之久。在那裡，幾乎所有最好的天文學家，都聚集在此天文臺工作。由於統治者的大力支持，奧馬・海亞姆在學術方面的工作相當順利。在這期間，他寫下許多經典著作，並在 1079 年主導曆法改革。其中，他測得一年有 365.24219858156 天，這是非常非常準確的數據，因為十九世紀的紀錄為 365.242196 天，至於今天的標準，則是一年有 365.242190 天。

西元 1092 年之後，奧馬・海亞姆平順的學術生涯急轉直下。先是在 1092 年，蘇丹馬利克沙在 11 月去世，一個月之後，昔日同窗好友尼扎姆也在從伊斯法罕到巴格達途中，遭到被稱為 Assassins 的恐怖份子集團暗殺。於是，馬利克沙的第二個妻子繼位，由於她曾與尼扎姆有過節，儘管她只是在位兩年，但是，宮廷卻撤銷對奧馬的科學事業之贊助與支持，譬如天文臺停止運作，改曆工作都無法持續。這一連串的政治事件，再加上有人指控奧馬・海亞姆在四行詩中，表達他對穆斯林正統教義的質疑，儘管他還留在宮廷力挽狂瀾，譬如為了澄清有關無神論的指控，奧馬・海亞姆甚至還曾籌備麥加朝聖之旅。然而，蘇丹對他的關愛眼神，終究是一去不復返了。

奧馬・海亞姆的著作，除了《魯拜集》對後世有重大的影響外，數學方面的成就也不可忽視。諸多數學作品中，最著名的可說是《代數學》一書。

三、《代數學》

《代數學》原書名為「還原與對消問題論證」(*Risāla fi'l-barāhin alā masā'il al-jabr wa'lmuqābala*)，其中「還原與對消」(*al-jabr wa'lmuqābala*) 也是九世紀阿爾・花拉子模的代數經典作品之主題。事實上，今日的英文字 algebra 就是由 al-jabr 演變而來，難怪有人會認為「代數」是由阿爾・花拉子模所發明。本書完成於 1100 年左右，奧馬・海亞姆將代數定義為「解方程的科學」(a “scientific” art)[4]，也因此推進了方程理論。

為了方便解三次方程，奧馬・海亞姆採取與阿爾・花拉子模相似的作法[5]。首先，他考慮所有形式的三次方程式。又因為他只接受正根，係數也限於正數，因此，最終他將三次方程式歸結為 14 類，以現在符號表示，分別是：

二項式有 1 個：$x^3 = d$

三項式有 6 個：$x^3 + cx = d$, $x^3 + d = cx$, $x^3 = cx + d$, $x^3 + bx^2 = d$, $x^3 + d = bx^2$ 及 $x^3 = bx^2 + d$

四項式有 7 個：$x^3 + bx^2 + cx = d$, $x^3 + bx^2 + d = cx$, $x^3 + cx + d = bx^2$, $x^3 = bx^2 + cx + d$, $x^3 + bx^2 = cx + d$, $x^3 + cx = bx^2 + d$ 及 $x^3 + d = bx^2 + cx$

然後，奧馬・海亞姆對每一類的方程式都作了仔細的分析，並引進希臘人曾經使用過的方法——兩個圓錐曲線的交點，來證明其結論是正確的，最後，並討論在什麼情況下，此三次方程式無解或多個解。值得注意的是，在討論三次方程式時，奧馬・海亞姆依然採取古希臘「齊次」的觀點，亦即三次方程式中的每一項必須對應一個立體（因為 x^3 的幾何意義就表示一個立體）。以下，我們就來看看奧馬・海亞姆對 $x^3 + cx = d$ 的處理。

因為 x 代表立方體的一個邊長（參考圖 2），c 必須代表面積（正

❹在原本被視為「技術」(art) 的代數學著作書名上，加上諸如 “scientific” 或 “great” 或 “analytic” 這些形容詞，絕對有助於提升代數學的學術地位。事實上，卡丹諾 (G. Cardano) 的代數學經典之書名就稱為 “great art”，至於韋達 (F. Vieta) 的符號代數學經典則稱為 “analytic art”。

❺阿爾・花拉子模將二次方程式分為六種，以現在符號表示，分別為 $nx = m$, $x^2 = nx$, $x^2 = m$, $m + x^2 = nx$, $m = nx + x^2$，以及 $x^2 = m + nx$。

方形)，d 則為立體。為了求解，奧馬・海亞姆取 $\overline{AB}=\sqrt{c}$，即面積為 c 之正方形的一邊。接下來，作 $\overline{BC}\perp\overline{AB}$，使得 $\overline{BC}\cdot\overline{AB}^2=d$ 或 $\overline{BC}=\frac{d}{c}$。下一步將 $\overline{AB}$ 延長至 Z，並作一條以 B 為頂點、BZ 為軸、參數為 $\overline{AB}$ 的拋物線，其方程式為 $x^2=\sqrt{c}y$。之後，在 $\overline{BC}$ 作一個方程式為 $(x-\frac{d}{2c})^2+y^2=(\frac{d}{2c})^2$ 或 $x(\frac{d}{c}-x)=y^2$ 的半圓。從圖上可知，這兩條圓錐曲線交於 D，而它的 x 軸長 ($\overline{BE}$) 即為此三次方程式的解。

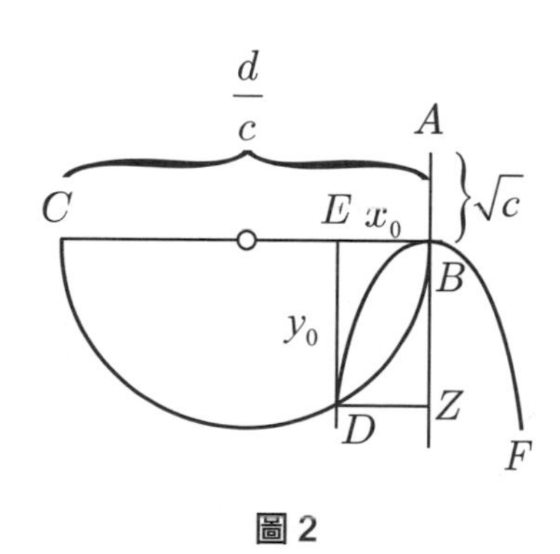

圖 2

奧馬・海亞姆證明其解的正確性如下：

若 $\overline{BE}=\overline{DZ}=x_0$、$\overline{BZ}=\overline{ED}=y_0$，

則 $x_0^2=\sqrt{c}y_0$ 或 $\frac{\sqrt{c}}{x_0}=\frac{x_0}{y_0}$

並且

$$x_0(\frac{d}{c}-x_0)=y_0^2 \text{ 或 } \frac{x_0}{y_0}=\frac{y_0}{\frac{d}{c}-x_0}$$

所以

$$\frac{c}{x_0^2}=\frac{x_0^2}{y_0^2}=\frac{y_0^2}{(\frac{d}{c}-x_0)^2}=\frac{y_0}{(\frac{d}{c}-x_0)}\frac{x_0}{y_0}=\frac{x_0}{\frac{d}{c}-x_0}$$

從而 $x_0^3 = d - cx_0$，x_0 即為所求。在此，奧馬・海亞姆指出這一類的方程在原點之外一定有一根（交點），而原點並不是這方程式的解。

對於其他類型的三次方程式之討論，奧馬・海亞姆都是用類似的方法來進行[6]。對於那些正根並不一定存在的情形，他給出了幾何條件：根的存在與否，端視兩圓錐曲線是否交於一點、兩點或不相交。然而，對 $x^3 + cx = bx^2 + d$ 這一類的方程式，他並沒有發現存有三根的可能性。而對於解與係數的關聯性，奧馬・海亞姆也僅在少數的情況之下才加以討論。

奧馬・海亞姆有關三次代數方程的幾何理論，可說是他最成功的研究成果，也帶給後世相當可觀的影響。十三世紀的納西爾丁 (Nasīr al-Dīn al-Tūsī, 1201–1274) 奠基於奧馬・海亞姆的成果，繼續往前推進，而西歐數學家在這方面的研究，則是在笛卡兒 (René Descartes, 1596–1650) 之後的故事了。

圖 3：阿爾巴尼亞發行的奧馬・海亞姆郵票

❻例如解 $x^3 + bx^2 = b^2c$ 用拋物線與半圓；解 $x^3 + ax^2 = c^3$ 用拋物線與雙曲線；解 $x^3 + ax^2 + b^2x = b^2c$ 則用橢圓與雙曲線。

四、幾何學

除了在三次方程式的貢獻之外，奧馬．海亞姆對幾何學的探討，也非常值得注意。西元 1077 年，也就是奧馬．海亞姆進行曆法改革的前兩年，他完成了另一項重要的著作《對歐幾里得《幾何原本》設準之問題的評論》(*Sharh māashkala min musādarāt kitāb Uqlīdis, Commentary on the Problematic Postulates of the Book of Euclid*)。本書討論到兩個相當重要有關於幾何基礎的問題，其中之一為《幾何原本》第五設準（平行設準）問題。奧馬．海亞姆企圖經由前面四個設準，來證明出第五設準，如此一來，他就只需要前四個設準，就能推導出後面的所有命題了。

這個問題在較早前，已被塔比伊本庫拉（Thābit ibn Qurra，約 826–901）以及伊本海塞姆 (Ibn al-Haytham, 965–1039) 研究過[7]。奧馬．海亞姆顯然不滿意他們的研究，他從四邊形 $ABCD$ 著手（如圖 4），$\overline{CB}$ 與 $\overline{DA}$ 為兩個長度相同的線段且皆垂直 $\overline{AB}$。奧馬．海亞姆認識到為了要從其他設準來證明平行設準，就需要證明角 C 及角 D 為直角，因此，他分別假設角 C、D 為銳角、鈍角及直角，而前兩者都會得到「矛盾」——不過，事實上並沒有矛盾！只是奧馬．海亞姆「無從發現」而已，否則他早已發現非歐幾何學了。這是因為接受前面兩種假設為真時，最終都會導致非歐幾何學的誕生。顯然奧馬．海亞姆

[7] 早在希臘時代就有許多數學家對這個問題提出討論，如托勒密與普羅克洛斯（Proclus，約 412–485）。

當時志不在此——也就是說，他並非想要推翻歐氏幾何學。儘管如此，他的成就還是影響了後來相關數學的發展。一百五十年後，納西爾丁接受了奧馬・海亞姆的觀點，並且在這方面的研究做出了貢獻。而納西爾丁的研究更影響歐洲十七、十八世紀的幾何學家，譬如 1651 年、1663 年沃利斯 (John Wallis, 1616–1703) 討論歐幾里得的設準問題時，便引用了納西爾丁的著作。

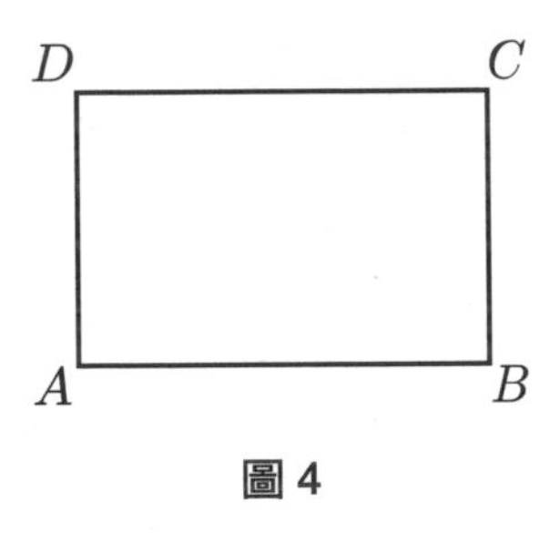

圖 4

另一方面，奧馬・海亞姆也考慮有關比 (ratios) 的問題。他的相關成就有兩方面，其一，是他將比例 (proportion) 的定義表達得更為詳盡；另一則是將數的概念擴大到包含量與量的比。再者，希臘人認為不可公度量比，譬如正方形對角線與邊長的「比」($\sqrt{2}:1$)，就不能稱之為數。這個概念，到了奧馬・海亞姆則是被解放出來了，他直截了當地說任意量之比（無論可公度或不可公度與否）皆是數。如此，他便能隨心所欲地處理無理數，不再被不可公度量的複雜運算綁得礙手礙腳了。如同前面所提平行設準對後世的影響一樣，歐洲數學家同樣地也經由納西爾丁的著作，得到奧馬・海亞姆的啟發。無論如何，奧馬・海亞姆在很多方面，深刻影響了歐洲數學的發展，殆無疑問。

五、結論

在阿拉伯文明中，科學與其贊助者之間的關係，當然充滿了伊斯蘭教義的特色。數學史家卡茲特別注意到：伊斯蘭學者讓「他們自己的數學浸滿了他們所信奉的神之靈感」。誠然，在「過去年代中，那些有創造性的數學家，總是使研究大大地超越了當代的需要，但是，在伊斯蘭世界中，許多人感到這只是真主的要求，至少是在其初期，伊斯蘭文化並不把『世俗知識』視為與『神賜文化』相衝突，而是當作通向後者的一條道路。因而，學術研究得到鼓勵，那些被證明具有創造火花的人們，也常常得到統治者（通常是世俗與宗教雙方）的支持，從而得以盡可能追尋他們自己的想法。」至於「數學家的回報，則是在他們著作的開端和結尾時，總是祈求神的保佑，甚至整個正文中，有時也提及神的恩寵。」

卡茲提出上述評論時，顯然參考了西歐基督教 vs. 科學的矛盾緊張關係。其實，朝廷重臣或統治者對於科學的贊助，在中國歷史上也屢見不鮮，不過，後者應該都欠缺伊斯蘭世界特有的宗教色彩。

另一方面，經由奧馬·海亞姆的故事，讀者想必多少可以體會阿拉伯數學家的貢獻。事實上，阿拉伯數學吸收了古希臘、印度、中國和本地區的數學，融合東、西方的長處於一爐，最後發展出獨特的風格。這種評價，當然也適用於奧馬·海亞姆[8]，而他原創性的著作對西歐數學的發展，更是不可磨滅。可惜，阿拉伯數學對西方的影響，似乎被許多西方史家刻意忽視或甚至扭曲了。或許這正是西方宗教恩怨發酵的結果！目前，東、西文化還處於對立與衝突的緊張關係之中，我們應多方了解伊斯蘭神祕面紗背後的笑容與智慧!

最後，請容許我們再以奧馬・海亞姆的另一首詩來結束本文：

揮動的手指書寫且書寫完成，繼續揮動；
既不是你的智慧亦不是你的虔誠，
能把它半行更改，
你所有的眼淚亦不能把它一字洗清。

《魯拜集》71

❽事實上，奧馬・海亞姆對印度數學並不陌生，因為他曾引用與印度數學相關的著作。其中有兩本書的作者提出了從自然數來解平方及三次方根的方法，分別是 Kushyār ibn Labbā al-Jīlī (971–1029) 所著的《印度計數法則》(*Fīusul hisāb l-hind, Principles of Hindu Reckoning*) 及 `Alī ibn Ahmad al-Nasawī (fl. 1025) 所著《充分瞭解印度計數所需具備的事物》(*Al-mugnī^c fı' l-hisāb al-hindī / Things Sufficient to Understand Hindu Reckoning*)，這些內容與印度數學傳統的進路並不相同。根據《科學家傳記辭典》(*Dictionary of Scientific Biography*) 的說法，其來源是中國數學，這仍有待考證。

參考文獻

1 Berggren, J. L. (1986), *Episodes in the Mathematics of Medieval Islam*. New York: Springer-Verlag.

2 Gillispie, Charles Coulston(ed.) (1981), *Dictionary of Scientific Biography*. New York: Charles Scribner's Sons.

3 Katz, Victor J. (1993), *A History of Mathematics: An Introduction*. New York: HarperCollins College Publishers.

4 Omar Khayyam（孟祥森譯）(1990),《魯拜集》, 臺北：遠景出版社。

5 Rashed, Rshdi (translated by A. F. W. Armstrong) (1994), *The Development of Arabic Mathematics: Between Arithmetic and Algebra*. Dordrecht: Kluwer Academic Publishers.

6 奧瑪・開儼（陳次雲譯）(2000),《魯拜集》, 臺北：桂冠圖書公司。

7 歐瑪爾・海亞姆（張鴻年譯）(2001),《魯拜集》, 臺北：木馬文化出版社。

圖片出處

圖 1：Wikimedia Commons

圖 3：Images of Mathematicians on Postage Stamps (This page is maintained by Jeff Miller)

兔子之外的傳奇：斐波那契與菲特烈二世

洪萬生

一、前言

一般人（包括科普作者）提及斐波那契（Fibonacci, 1170–約1250，或譯費波那契）時，都會引述以他的名字命名的數列（Fibonacci sequence，中譯也常稱為費氏數列）1, 1, 2, 3, 5, 8, 13, 21, 34, ⋯ 如何與兔子繁殖相關。不過，他的數學著作內容與名字之來源，恐怕就很少人留意。現在，我們就先澄清這兩個問題。

首先，科普作家介紹斐波那契時，都一定順便提及他在 1202 年出版的名著《計算書》(*Liber Abbaci*)。不過，這本書一直都被誤以為是討論算盤的書籍。這可能是因為它的拉丁文名銜 *Liber Abbaci* 直譯成英文，就是 "Book on Abacus"，從而譯成中文，就成了不折不扣的「算盤書」了。不過，由於 "abacus" 的前身 "abaci" 在十三世紀拉丁世界，「很弔詭地」是指不利用算盤的一種計算方法，因此，史家西格勒 (L. E. Sigler) 英譯本書時，他建議書名應該譯成 "Book of Calculation"（計算書）才是。有關這一史實，我們不妨注意當時的 "maestro d'abbaco" 一詞，是指直接利用印度—阿拉伯數碼進行筆算，而非算盤來從事計算的師傅。同時，在十三世紀之後的義大利各個商港城邦內，"school of abaco" 也就是由前述師傅傳授這種計算技藝的專門學校。

圖 1：多明尼加共和國發行的斐波那契郵票

事實上，在西歐數學史上，《計算書》率先介紹印度—阿拉伯數碼及其（運用筆算的）演算法則 (algorithm)，其中根本看不到算盤之類的計算器。我們不妨徵之於本書第一章開宗明義的頭兩句話：

九個印度數字為：9, 8, 7, 6, 5, 4, 3, 2, 1。就像下文將要演示的，任意數目，都可以利用這些以及（阿拉伯人稱作 "zephir" 的記號）0 寫出來。

還有，只要細按本書內容，即可得知它是一部有關十三世紀算術、代數與解題的百科全書。它在十三世紀西歐數學史上的意義，當然遠遠地超過所謂「斐波那契數列」之盛名。後者在數學普及書籍中的廣為傳頌，雖然讓斐波那契聲名大噪，但是，相形之下，十三世紀的西歐數學面貌，卻始終藏在長夜漫漫的中世紀世界之中，無法現身提示它與近代（十六、七世紀）西方數學的連結。

另一方面，斐波那契一直都不是「斐波那契」，他在 1170 年生於比薩，在他的著作《花朵》(*Flos*, 1225) 中，他稱他自己為 Leonardo Pisano Bigollo，因此，本文也常稱呼他為李奧納多 (Leonardo)。沒有任何直接證據顯示他的正式名字與「斐波那契」有關。以「斐波那契」代替 Leonardo Pisano 似乎是 1838 年由數學史家李布里 (Guillaume Libri, 1803–1869) 開始，此後便約定俗成，沿用至今。

儘管有這麼多含混不清的史實，斐波那契晚年的故事，卻與神聖羅馬皇帝菲特烈二世 (Frederick II, 1194–1250) 的宮廷數學活動有關。這一段傳奇，也常被斐波那契（數列）粉絲所忽略。然而，要是我們想要在十三世紀為斐波那契尋找一個歷史定位，那就非要好好追溯這個數學史插曲不可。

在本文中，除了說明斐波那契的生平與著述之外，也將介紹他與這一位皇帝的關係。利用這個皇家贊助學術的案例，我們可以更真切地了解十三世紀的西歐數學史。

二、斐波那契的生平事蹟及著述

世人對斐波那契所知非常有限。在獻給宮廷占星家史高特 (Michael Scott) 的《計算書》的開頭，斐波那契給了我們一段簡短的自傳：

在我父親被祖國比薩派任到布吉亞 (Bugia) 的海關，為常常到那裡的比薩商人辦事時，我跟隨他到了那兒。父親要我學習印度—阿拉伯數碼和演算。我非常沉迷於學習，以致於後來當我商務旅行至埃及、敘利亞、希臘、西西里和普羅旺斯等地時，我仍持續地研讀數學，並參與當地學者的討論和爭辯。回到比薩後，我以十五章的篇幅組成了此書。這本書裡包含了印度、阿拉伯和希臘的方法中我所認為最好的。我也放進了證明，讓讀者和義大利人民有更進一步的了解。

根據數學家／普及作家齊斯・德福林 (Keith Devlin) 與義大利數學史家愛娃・凱安尼耶羅 (Eva Caianiello) 的研究，斐波那契的數學訓練先是得力於前述的計算學校，接著，就是到布吉亞海關實習，再加上好學聰慧以及四方遊歷，終於有能力編寫像《計算書》這樣的巨著。

他的另一本著作《實用幾何》(*Practica Geometriae*) 完成於 1223 年。這本書是為了從事探勘與土地測量的專業人士所寫。雖然不像《計算書》的篇幅那麼長，它仍然是一本厚實的作品。就像李奧納多的算術文本一樣，它同時包含為工匠所寫的有關計算之指令，以及為學者描述其方法之核證。李奧納多將這本書獻給他的朋友希斯帕努斯 (Dominicus Hispanus)，菲特烈二世的宮廷數學家。這本書中收集了大量的幾何問題，至於定理則都取自歐幾里得的《幾何原本》並重新安排而成。其中的方程式以幾何、「敘事」的形式來表述，所以，像

$$4x - x^2 = 3$$

這個方程式才會描述成

如果從四個邊的和減去一個面，會剩下 3 根木棒。

李奧納多在本書中，也納入測量員所需的實用資訊，讓他們在比薩地

區進行測量時使用。還有一章，他討論如何使用相似形，來計算高聳標的物的高度。而在最後一章中，他則呈現了他自稱的「幾何的細緻之處」，「有從外接與內切圓的直徑去計算五邊形與十邊形的邊長；還有給出這些圖形的邊長時的相反運算……為了完成論述正三角形的這一章節，當矩形、正方形內接於這樣的三角形時，它們的邊長能按代數方式計算出來。」

由此可見，即使本書以「實用幾何」為名，它還是深受歐幾里得的影響。不過，當時希臘版的《幾何原本》已經失傳，因此，他大有可能是從阿拉伯的數學文本來源，學習到這些精緻的知識內容。

三、進入宮廷的敲門磚

西元 1225 年，李奧納多出版《花朵》，其中大部分的內容屬於代數，也包含了他對一系列菲特烈宮廷數學競賽問題所提供的解法。他呈獻了一份複本給菲特烈二世，為他後來進入學術圈鋪路。《平方數之書》(*Liber quadratorum, Books on the Squares*) 也在同年出版，是一本論及高等代數及數論的著作，也是李奧納多的作品中，數學內容最讓人印象深刻的一本書。此書主要在處理涉及（整數與分數）平方之各種方程式的解，而且，這些方程式通常都有一個以上的變數。

圖 2：菲特烈二世雕像

上述這四本書，連同他寫給帝國哲學家菲及可斯 (Theodorus Physicus) 的一封信，是現存的李奧納多之所有作品。那封信並沒有標誌日期，目前所保存的，是 1225 年抄寫於米蘭的複本。在這封信中，李奧納多提出了三個問題及其解法。第一個稱為「百鳥問題」(有關數論)，李奧納多已經將其解法收入《計算書》，其中他提出一種普遍方法，來解決像這樣的不定方程問題。第二個問題（有關幾何）是一個正五邊形內接一個正三角形的問題，他運用了代數的方式，解決這個問題。最後一個（顯然有關代數)，則是含五個未知數的線性方程式，他給出了一個公式形式的通解。

《計算書》出版後的幾年中，李奧納多聲譽鵲起，終於吸引皇室的注意。菲特烈二世從宮廷學者間聽聞了《計算書》與它的作者，這些學者包括前文提及的宮廷占星學家史高特、宮廷哲學家菲及可斯，以及帝國天文學家希斯帕努斯，後者建議菲特烈趁下次出巡到比薩時，順便與李奧納多碰面。

四、菲特烈二世及其學術贊助

菲特烈二世是眾所皆知的「世界的驚奇」(*Stupor mundi*)，德意志、義大利、西西里和勃艮第 (Burgundy) 等地的年輕國王，他總是帶著一大堆的隨行人員旅行，包括步兵、騎士、宦臣、侍從、僕人、舞孃、雜耍者、樂師和閹人。再加上他充滿異國情調的動物園，裡面有獅子、金錢豹、美洲豹、熊和猩猩，這些全部都用鎖鏈拴住。還有獵狗、老鷹、孔雀、鸚鵡、鴕鳥和一隻長頸鹿，以及一隊駱駝專門載送他的補給品。行進時，菲特烈始終騎在他的隊伍前方，然而，在他的後面，會有一隻大象背上背著一個木頭平臺，平臺上站著喇叭手以及帶著弓弩的弓箭手。

菲特烈生於 1194 年的西西里，並於 1220 年受教皇加冕為皇帝。他在西西里長大，對學習新事物充滿熱情，特別是科學與數學。正是由於這樣的興趣，他於 1224 年在拿波里 (Naples) 建立大學，這所大學也命名為菲特烈二世拿波里大學 (Università degli Studi di Napoli Federico II)。

由於地理位置的關係，西西里島長期以來，一直是歐洲及北非地區基督教與穆斯林文化接觸的地方。這座島嶼有四種官方語言——拉丁、希臘、阿拉伯和法語——同樣都是西西里島一般民眾的日常語言。西西里島的知識份子從穆斯林那裡養成對科學的興趣，特別是菲特烈的祖父，西西里的羅傑國王。他習慣召喚從各個島嶼來的有識之士到他的宮廷，然後，詳細地和他們對談，發掘他們所有的知識，並記錄所有的談話過程。羅傑的繼任者，威廉一世和二世，則著手安排了將古希臘的數學和天文書籍，從阿拉伯文的版本翻譯成拉丁文，其中包括歐幾里得、亞里斯多德、托勒密，以及亞歷山卓的海龍之作品。

菲特烈本人會說六種語言：拉丁文、西西里語、德文、法文、希臘文和阿拉伯文；他也是藝術的熱心贊助者，從小就養成對天文學、光學、幾何、代數、自然科學和煉金術等學問的濃厚興趣。特別地，他從祖父身上，學到對事物採取一種懷疑的態度，沒有適當的證據絕不接受新的知識。舉例來說，他按實驗的方式，來探索有關博物學的新知，因此，他建造了一座孵化的爐灶，研究小雞胚胎的發展；他封住了禿鷹的眼睛，用以了解牠們是靠視覺還是嗅覺尋找食物。在與馴鷹方面的專家討論之後，他還撰寫了《以鷹狩獵的技術》(*De arte venandi cum avibus*)，在該書中，他說明了老鷹的分類、習慣、遷徙模式和生理學。

這位年輕的帝王寫了許多封信給穆斯林統治者，表達他對謎題訊息的興趣與需求。他也聯繫埃及、敘利亞、伊拉克、小亞細亞和葉門的學者，尋求某些科學問題的解答。他還特別寫信給大馬士革的蘇丹阿爾・艾許羅夫 (al-Ashraf)，求教許多數學和哲學方面的問題，而這位蘇丹則在回信中，提供了某埃及學者的解答。還有，來自各地的學者絡繹不絕地造訪他的宮廷。

五、數學才藝的展示舞臺

當菲特烈二世看到了李奧納多的《計算書》之後，隨即召喚他到位於比薩的行宮，來討論這本書以及展示他的數學能力，也就不那麼讓人驚奇了。在獻給菲特烈的《平方數之書》，包括有李奧納多在晉見皇帝之後，馬上寫下的序言：

當我最近聽到從比薩以及帝國宮廷來的訊息，說到崇高陛下您屈尊俯就我這本討論數目之書，同時，它取悅了您，讓您願意聽聞幾個與幾何和數論有關的細節……

除此之外，他這位身為皇帝的讀者，還要求李奧納多公開地展示他的數學能力，回應三道事先由宮廷數學家帕勒莫 (Johannes Palermo) 準備的挑戰問題。李奧納多隨後呈上寫好的解法依據，有兩題在他呈獻給菲特烈的《花朵》中，另一題則收錄在《平方數之書》之中。

帕勒莫首先要求李奧納多找到一個有理數（意即整數或分數），使得當 5 加上它的平方之後，其結果為另一個有理數的平方；同時，從它的平方減去 5 之後，其結果也是另一有理數的平方。幾乎可以確定，他這道問題應該是從阿拉伯的手抄本中發現的，因為阿拉伯的學者似乎很喜歡這類的數字謎題，還有非常多的問題變化。這一題特別微妙而難以處理（使用當時已知的技巧），而李奧納多找到的解法（隨後即發表在《平方數之書》中）相當地長而且巧妙，最後的答案為 $3+\frac{1}{4}+\frac{1}{6}$，即 $\frac{41}{12}$，因為它的平方再加上 5，為 $4\frac{1}{12}$ 的平方；減去 5 即是 $2\frac{7}{12}$ 的平方。

帕勒莫的第二個問題，也是阿拉伯學者鍾愛的另一個類型，牽涉到三次方程式的解。李奧納多被要求去解的方程式為 $x^3+2x^2+10x=20$（以現代的符號記號表示）。事實上，這個方程式真的能在奧馬・海亞姆 (Omar Khayyám) 的《代數學》書中找到，所以，帕勒莫必須承受李奧納多早已看過這道題的風險。由於代數的符號表徵還在幾個世紀之後，所以，帕勒莫用文字描述他的問題如下：

找到一個數，使得如果先將它三次方，再將結果加上它的二次方的 2 倍，其結果再加上它自己的 10 倍，會等於 20。

李奧納多利用逼近法來解這個方程式。他確實使用的方法，並沒有紀錄留存下來，但是，在當時確實是有一些技巧可以使用。他的論證最有可能會像是下列方式進行：

第一步觀察未知數必須介於 1 與 2 之間，因為如果未知數是 1，計算之後的結果會小於 20；如果未知數是 2，計算之後的結果則會超過 20，所以，最初合理地猜測 $x=1.5$。接下來的想法，就是反覆地修正猜測的值，逐漸地回歸到正確答案。其中，最關鍵的步驟，就在於如何改善每一次的近似值。

如果 x 是方程式 $x^3+2x^2+10x=20$ 的解，那麼 $x(x^2+2x+10)=20$，則

$$x=\frac{20}{x^2+2x+10}$$

因此，如果 x_n 是比解還要大（或是較小）的近似值，那麼

$$\frac{20}{x_n^2+2x_n+10}$$

就是比解還要小（或是較大）的近似值，因此，這兩個近似值的平均

$$x_{n+1}=\frac{1}{2}[x_n+\frac{20}{x_n^2+2x_n+10}]$$

就會是比較好的一個近似值。由此，若最初猜測的近似值是 1.5，計算

近似值的一個數列 $x_0, x_1, x_2, \cdots, x_n, \cdots$，將會相當快地達到一個可接受的近似值。若計算到小數點後 15 位，這個過程將會得到下面的數值：

1.5
1.405737704918030
1.379112302850150
1.371676232676580
1.369605899562000
1.369029978513730
1.368869808289840
1.368825265862720
1.368812879275210
1.368809434619140
1.368808476890990
1.368808210484720
1.368808136235800

在這個表中最後一個近似值結果，正確到小數點後第 7 位，僅用了十二次（遞迴）步驟。李奧納多的答案為 1.3688081075，正確到小數點後第九位，這個答案遠比之前已解過同樣問題的阿拉伯數學家所獲得的答案，要精密得多。事實上，如用同樣的方法，也比上述所呈現的——利用現代代數和電腦速算表而得——答案還要精密。

李奧納多所解的第三個問題，是三個問題中最簡單的一個，純粹的計算而且是未知量沒有任何次方的情形。按今日觀點，這個問題只牽涉到線性方程式。《計算書》充滿了這類型的問題，帕勒莫選了一個李奧納多自己書中未曾出現過的問題：

三個人共有一定量的錢，每個人所應分得的比例分別為 $\frac{1}{2}$, $\frac{1}{3}$, 與 $\frac{1}{6}$；但是每個人又隨意從這筆錢中拿走一些錢，直到沒有錢剩下。然後第一個人還回他所拿的 $\frac{1}{2}$，第二人還他所拿的 $\frac{1}{3}$，第三人還他所拿的 $\frac{1}{6}$；此時這筆錢恰好可以三等份分給三人，之後每人所有的錢則是原本他所應得的。請問原來的錢數是多少？每個人各拿走多少錢[1]？

李奧納多運用了直接法 (Direct Method) 來解這個問題。由於他的解法相當冗長，我們在此從略，讀者可自行求解或參考德福林的《數字人》。

六、結語

李奧納多在菲特烈二世宮廷上成功的展示，是我們所知較可信賴的學術活動中，最後的幾個場景之一。後面的幾個世代都稱他為斐波那契，而最後一次提及李奧納多這個名字，則是在 1241 年比薩的一個社區公告中，給予「謹慎的有學識之人，李奧納多大師」，每年一次的酬謝禮為 20 比薩鎊，加上他為城市服務的支出。史學家相信這是為酬謝李奧納多身為社區審計員 (auditor) 的公共服務。

菲特烈二世死於 1250 年。至於李奧納多，有許多關於他如何度過晚年的臆測，眾說紛紜，莫衷一是。然而，他都可能沒有目擊比薩的輝煌走到盡頭。1284 年，剛好在有關他最後紀錄的 43 年後，比薩被

[1] 答案為：原本的錢數為 47，第一人拿 33；第二人拿 13；第三人拿 1，驗算 $33+13+1=47$。

熱內亞打敗。另外，與其他各城市間的戰爭，再伴隨著內部市民不斷的衝突，這些都讓比薩與托斯卡尼內部之間的貿易加速衰退。

同一時間，羊毛工業中心佛羅倫斯一躍而起成為托斯卡尼地區的領先城市，同時，北方的威尼斯則成為新的世界貿易重鎮，而比薩的地位則快速地滑落到前所未見的地方型小鎮，一如今日所見風貌。

儘管如此，比薩城真正的榮耀之處，在於人才智力的表現。藉由兩位最才華洋溢的城市之子：十六世紀的伽利略，以及在他之前十三世紀的李奧納多・比薩諾，比薩依然是人類文明發展中，最值得珍惜的歷史資產之一。

參考文獻

1 Caianiello, Eva (2014), "Leonardo of Pisa and the Liber Abaci. Biographical Elements and the Project of the Work", in A. Bernard and C. Proust (eds.), *Scientific Sources and Teaching Contexts Throughout History: Problems and Perspectives*. Boston Studies in the Philosophy and History of Science 301, pp. 217–246.

2 齊斯・德福林（洪萬生譯）(2011)，《數字人：斐波那契的兔子》(*The Man of Numbers: Fibonacci's Arithmetic Revolution*)，臺北：五南圖書出版社。

圖片出處

圖 1：Images of Mathematicians on Postage Stamps
(This page is maintained by Jeff Miller)

圖 2：Wikimedia Commons；作者：Neapolis 93

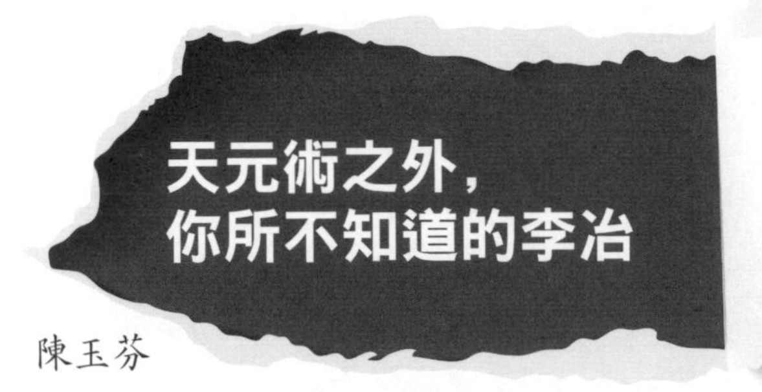

天元術之外，你所不知道的李治

陳玉芬

一、前言

閱讀李冶的《測圓海鏡》，讓我聯想到〈出塞曲〉歌詞：

那只有長城外才有的清香，誰說出塞曲的調子太悲涼。如果你不愛聽那是因為，歌中沒有你的渴望。而我們總是要一唱再唱，想著草原千里閃著金光。想著風沙呼嘯過大漠，想著黃河岸啊陰山旁……

也許我也可以這麼說：如果你不愛看這本書，那是因為你尚未在這本書中找到你的渴望。而我似乎在那《測圓海鏡》的「圓城圖示」中看到草原千里閃著金光……。

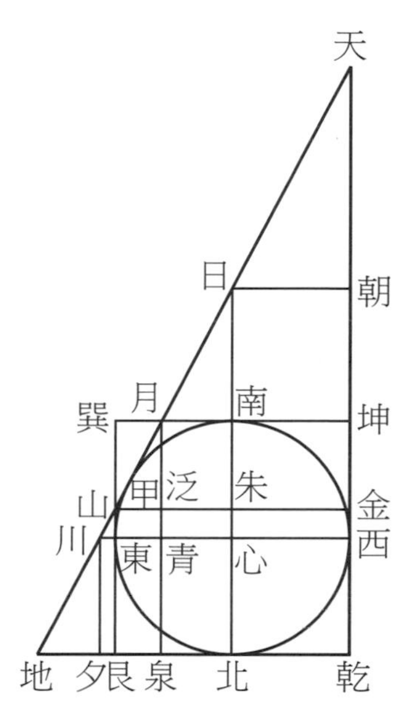

圖 1：《測圓海鏡》中的「圓城圖示」複製圖

這歌詞意境多少呼應著李冶的時代背景，但翻開李冶的《測圓海鏡》，我們想說的是，在那閃閃金光下，不是一道道如教條般的公式或看似艱澀難懂的題目，而是在那讀來看似毫無知覺的公式或題目下，你所不知道的，或未曾察覺又有跡可循的幾何探索，以及觸類旁通的思考演練。

所以，在本文中，我們除了提供在那動亂的年代，仍不失文人之志的李冶生平之外，也想分享李冶是如何運用幾何概念操作，換化出我們始料未及的意想念頭，進而轉成我們所想要探究的李冶公式。或許當那靈光乍現的啟發一旦引動，許多看似難以理解，又覺得條件略顯不足的惱人題目，也都豁然開朗了。至於李冶在他的《測圓海鏡》所集大成的天元術（一種列方程式的方法），由於極易從網路或數學普及著述取得相關資訊，我們在此不贅。不過，我們在本文末附錄天元術的一個範例，讓讀者方便查閱。

二、亂世中的小確幸

李冶 (1192–1279)，字仁卿，號敬齋，元朝真定欒城（今河北欒城）人。金明昌三年生於大興（今北京市大興縣），歿於至元十六年。究竟他的原名是李治或李冶，史家始終莫衷一是。清道光年間《金史》專家施國祁深恐此一代大師與唐朝一介女流李冶同名，特於《跋敬齋古今》中為李冶正名為李治❶。經由多位史家考證，多半認為李治應是本名，且是因為避免與唐高宗李治重名而改為冶❷。李冶可謂生逢亂世，仕途亦多舛，他於金正大七年 (1230) 赴洛陽應試，被錄取為詞賦科進士，隨即奉派高陵（陝西高陵縣）主簿，但因窩闊臺大軍攻入陝西，所以未能赴任。接著，他又調往陽翟附近的鈞洲城（今河南禹縣）當知事。但金開興元年 (1232)，蒙古軍攻破鈞洲，李冶棄城北渡黃河後，便流落於山西忻縣、崞縣之間，過著「飢寒不能自存」的日子。1234 年，金朝為蒙古所滅，李冶與好友元好問 (1190–1257) 皆感政事無可為，於是潛心學問，正所謂「隱身免留千載笑，成書還待十

---

❶《跋敬齋古今》中指出「……嗚呼！其學術如是，其操履又如是，何后人不察，繆改其名，呼『治』為『冶』，乃與形雌意蕩之女道士李季蘭（原名李冶）相混？吁！可悲已！今其言具在，其名也正，倘能付諸剞劂，傳示當世，庶使抱殘守缺者得見全璧，豈非大惠后學哉。」

❷李儼 (1892–1963) 的學生陳叔陶 (1913–1968) 認為「李治」是對的，「李冶」固「李治」也。繆鉞 (1904–1995) 則認同原名「李治」並指出改名的原因可能是避諱與唐高宗同名。

年間」，1248 年寫成他的數學千古名著《測圓海鏡》。

據《真定府志》記載，李冶在崞縣桐川著書期間，「聚書環堵，人所不堪」，但卻「處之裕如也」。他的學生焦養直 (1238–1310) 曾說他「雖飢寒不能自存，亦不恤也」，在「流離頓挫」中「亦未嘗一日廢其業」，「手不停披，口不絕誦，如是者幾五十年」。他的朋友硯堅 (1211–1289) 說他：「世間書凡所經見，靡不洞究，至于薄物細故，亦不遺焉」。李冶亦自云：「積財千萬，不如薄技在身」，「金璧雖重寶，費用難貯蓄。學問藏之身，身在即有餘」。可見，對李冶而言，富貴如浮雲，而取之不盡的知識才是他一生追求的幸福！在現今看來，也算是亂世中的一種小確幸吧！

三、《測圓海鏡》：十三世紀的數學經典

《測圓海鏡》共十二卷，卷一為理論基礎，餘卷均為算題。卷一之首即為「圓城圖示」，如圖 1 之複製圖所示，而此圖即為本書精神所在，也是最為有趣之處。因為所有題目均從此城門出發，不論你天南地北如何行走，或前行、或回頭望，不變的自然是此圓城直徑，所以書中所有的題目答案總是一樣，皆為 240，放在今日用語，就是作者鋪了一個很有「梗」的題目，總是讓讀者知其然，而不知其所以然。但轉個念想，若無豐沛的知識學養，以及腦中飛竄流動的幾何洞察，作者又如何能設計如此全方面之題型？

正如李冶的《泛說》所記，有人問學於李冶，他答曰：「學有三，積之之多，不若取之之精，取之之精，不若得之之深」，可見李冶之治學方法，不僅在於多，也在於精，更在於深。也就是說，李冶不僅給

予多種題目的練習，重要的是，可以在循序漸進的題目中，將知識加廣加深。所以，李冶的《測圓海鏡》一個明顯特色，就是原本看似簡單的「勾股容圓」性質，竟然可以由淺入深的遷移變化，不斷提供幾何演繹訓練的機會，更能從題型中衍生解題的技巧。在教學以學生學習為主體的今日，李冶的「圓城圖示」或許是一個很好的著力點。

先讓我們說明李冶對「圓城圖示」所給予的定義，首先，他以圓城中心的「心」地為正中心，然後四面開門，門外縱橫各有十字大道，也就是以一個直角三角形及其內切圓為基礎，通過若干互相平行或垂直的直線，構成十六個大小不一的直角三角形，然後將「乾」地定為西北十字交合處，「艮」地定為東北十字交合處，「巽」地定為東南十字交合處，「坤」地定為西南十字交合處。至於為何坐標方位與我們今日所學（左西右東，上北下南）正好相反，或許是因為古代的建築方位大都是坐北朝南，且以李冶所處的歷史脈絡，其疆域發展亦是由北到南，故在製圖上呈現這樣的方位亦可接受。而巧妙的是，這樣的製圖方位與古代的八卦方位（文王後天八卦）也不謀而合[3]。

現在，我們編上相對應的序號，如圖 2 所示。其中數字即代表不同直角三角形的短勾與長股。舉例來說，最大的直角三角形即△天地乾，而在直角處即有序號 1，所以，$\overline{\text{地乾}}=a_1$、$\overline{\text{天乾}}=b_1$、$\overline{\text{天地}}=c_1$。再舉一例，以圓城中心的「心」地所圍出的直角三角形，即△日川心，在直角處數字為 12，所以，$\overline{\text{川心}}=a_{12}$、$\overline{\text{日心}}=b_{12}$、$\overline{\text{日川}}=c_{12}$，以此類推。

[3] 參考梁正卿，《卜筮實證秘訣》（臺北：武陵書局，2000）。

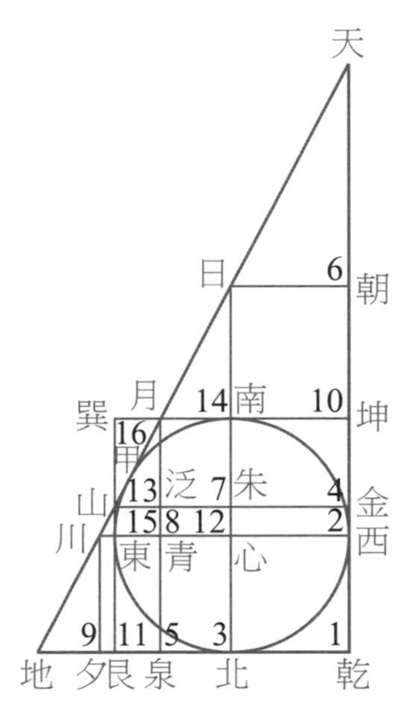

圖 2：有序號的「圓城圖示」

書中題目皆是圍繞著這些大小不一的直角三角形邊長，作者總是會給予二股邊長，然後斜邊長自然可求出（書中甚至亦附上相對應的斜邊長），最後，再求此直角三角形的內切圓直徑。同時在本書中，我們發現雖然每題題目或數字皆不同，但針對絕大部分所求的答案，均給予相同的值，即圓城直徑長 240。由此，我們可以理解作者目的，不是為了刻意為難讀者閱讀，而是他早已在這「圓城圖示」中，看到了多種的題型變化，因而想透過不同的數字，讓讀者能完全感受其對圖形變化之操作無礙罷了。我們完全相信，不論是何種作家，只要其對白身的知識感到豐沛滿溢，他（她）必能有效地形諸於文字，李冶也不例外。所以，在這裡，我們也將試圖探索《測圓海鏡》中李冶的幾何思想，還原李冶在公式下所未言宣的幾何洞識，讓我們在幾何上的操練技巧獲得啟發，也讓我們閱讀到在書中所看不到的李冶。

李冶在卷二提供了大量公式，但多未做說明，其作法相當於《九章算術》中的術文，想必是，在古代受限於計算不易，又會面臨生活上的數學問題，故多有能人志士，歸納出條文公式，凡夫俗子照著公式計算即可。所以乍看之下，難免讓人避之唯恐不及，但是，若深入研究，那每個公式下的幾何操弄，就正如閃閃金光在頁面間舞動。現在，讓我們一起來領略這一代大師對於幾何操弄精煉的火候。為便於解說，以下的直徑與半徑，皆以現代符號表示（d 為直徑，r 為半徑）。

【第 1 問】甲乙二人俱在乾地，乙東行三百二十步而立，甲南行六百步望見乙。問徑幾里？

本題說明甲乙兩人皆自西北方的乾地出發（參考圖 3），乙向東行 320 步到達「地」處，甲向南行 600 步到達「天」處後，回望正好看見乙（這表示此時甲乙二人所處的位置正好成一直線）。本題實質上就是《九章算術》中的「勾股容圓」問題，也就是在求 △ 天地乾內切圓直徑。

今設 $\overline{\text{地乾}} = a_1$、$\overline{\text{天乾}} = b_1$、$\overline{\text{天地}} = c_1$，若將題目中的數值直接代入李冶給的公式：$d = \dfrac{2a_1b_1}{a_1+b_1+c_1}$，即得：$d = \dfrac{2\times320\times600}{320+600+680} = 240$，故此圓城直徑為 240 步。

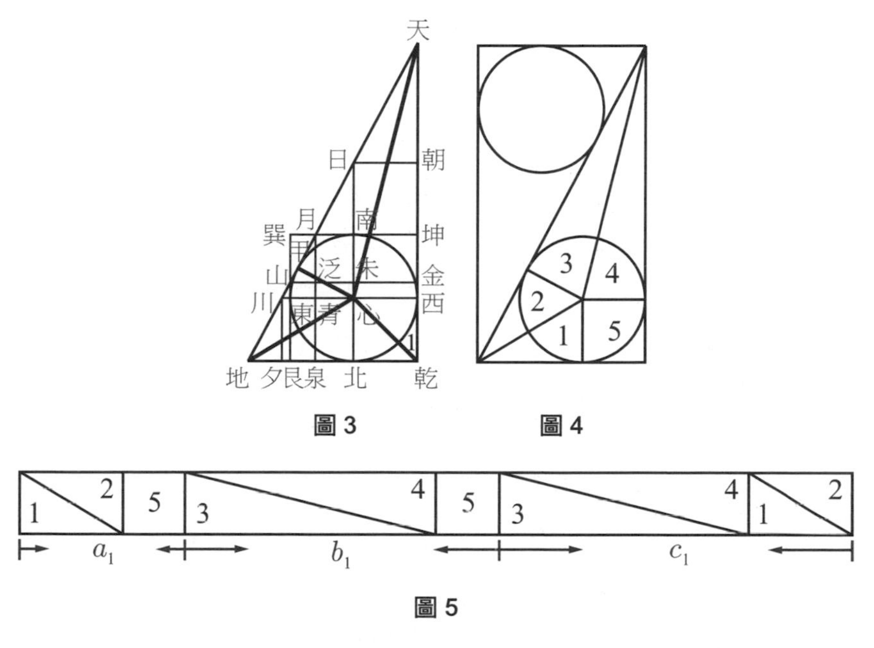

圖 3

圖 4

圖 5

本題算法與今日解法無異，亦與《九章算術》卷九〈句股章〉第十六問同[4]。這顯示此題是作者用以「暖場」，想透過基本的圖形切割與組合，然後發展後續的解題思路。

正如題意，我們先將內切圓圓心與三頂點連接，即：$\overline{心乾}$、$\overline{心天}$、$\overline{心地}$，如圖 3。接著，二個相同的直角三角形 △ 天地乾組合成一個矩

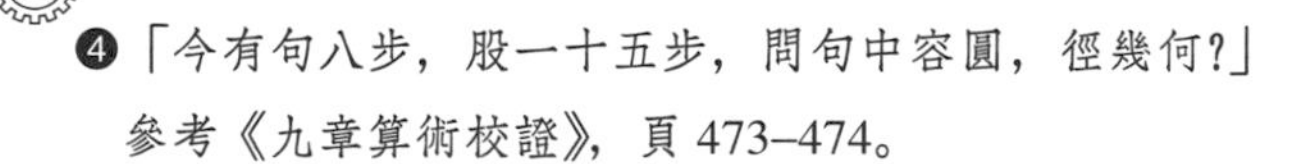

❹「今有句八步，股一十五步，問句中容圓，徑幾何？」
參考《九章算術校證》，頁 473–474。

形，如圖 4（為避免圖形過於複雜，暫且先去除多餘線段），得面積為 $a_1 \times b_1$，同時，我們也可將圖 4 中的下三角形，再分割成編號 1、2、3、4、5 的五個圖形，分別是 4 個直角三角形及 1 個正方形的圖形，其中，編號 1 的面積 = 編號 2 的面積，編號 3 的面積 = 編號 4 的面積。今再將圖 4 之矩形面積，以內切圓半徑為寬重新切割組合成如圖 5 的長方形面積，故此長方形的寬即為內切圓半徑。因此，內切圓半徑（即矩形的寬）就會等於矩形面積除以矩形的長邊，故得內切圓半徑 $= \dfrac{a_1 b_1}{a_1 + b_1 + c_1} = 120$，最後，得圓城直徑 $d = 2 \times$ 半徑 $= 240$。

由於卷二的題目，都是在求直徑（或 2 倍半徑長），因此，李冶思考的方向，就是將直角三角形切割成以「內切圓半徑為寬的矩形」，然後，再用矩形面積除以矩形的長邊，即得內切圓半徑，最後，內切圓半徑乘 2 即為所求的直徑。當然，李冶無法就此滿足於這樣的基本題型，於是，他開始變化所在位置，以便從事進階式的幾何操弄，如下第 2 問。

【第 2 問】甲乙二人俱在西門，乙東行二百五十六步，
甲南行四百八十步望見乙。問答同前。

此題甲、乙二人改由同時從西門出發，如圖 6，即 △ 天川西。同樣地，由上面的序號，我們可得 $\overline{西川} = a_2$、$\overline{西天} = b_2$、$\overline{天川} = c_2$，而李冶依舊直接給了我們求 △ 天川西直徑公式 $d = \dfrac{2a_2 b_2}{b_2 + c_2}$。但此公式是如何得知？

首先二股相乘，即得 $a_2 \times b_2$ 矩形，如圖 7，然後，再將圖 7 切割的直角三角形依序編號為 1–6，再以內切圓半徑為寬的概念，重新組合成圖 8 的長方形面積，此時，而此長方形的寬亦為內切圓半徑，故得內切圓半徑

$$r = \frac{a_2 \times b_2}{b_2 + \overline{\text{甲川}} + \overline{\text{甲天}}} = \frac{a_2 \times b_2}{b_2 + c_2} = \frac{256 \times 480}{480 + 544} = 120$$

圓城直徑 $d = 2 \times$ 半徑 $= 240$

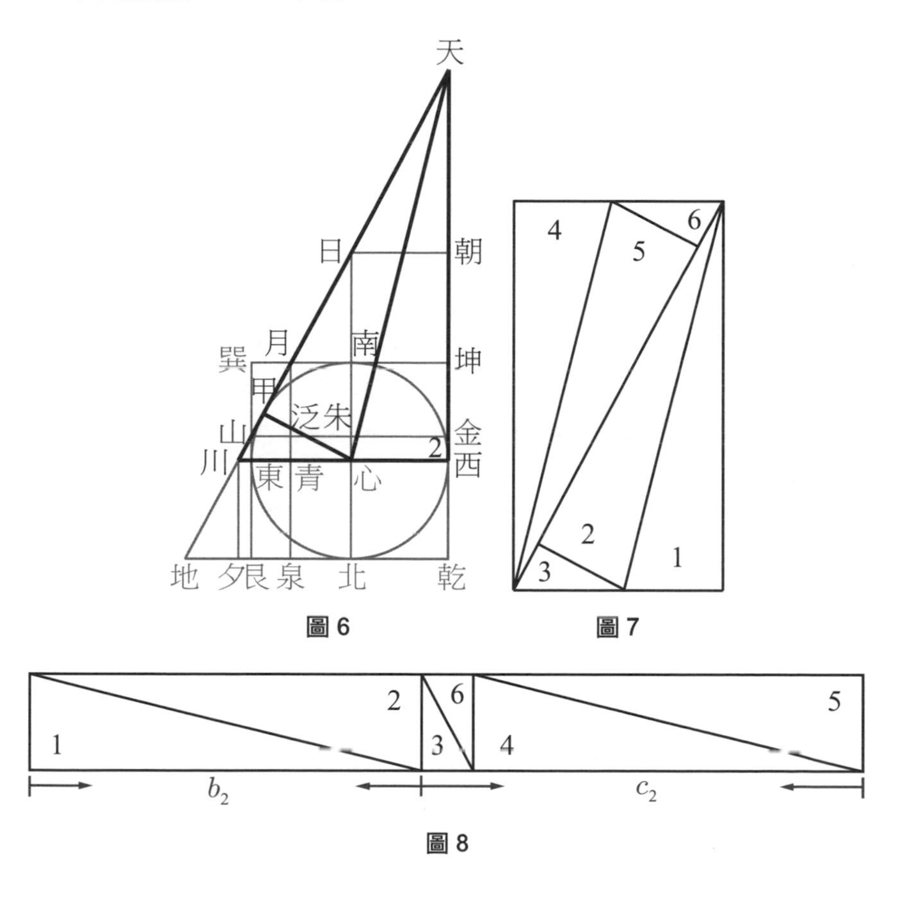

圖 6

圖 7

圖 8

至此，我們不難發現，李冶之幾何操作的確是有跡可循，而且循序漸進。讀者若有興趣，或許下面所附之問 3–5，可用來稍作嘗試，以消磨茶餘飯後閑暇時光。尤其是第 5 問更可訓練批判思考能力，因為依題意陳述，會造成圖形不是唯一，但卻可提供多元思考圖形是否會造成解題的差異？這樣的「圖析以理」經驗是很難獲得的。

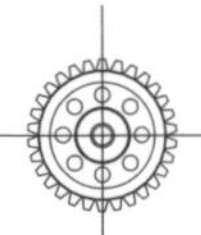

【第 3 問】甲乙二人俱在北門，乙東行二百步而止，甲南行三百七十五步望見乙。問答同前。此為股上容圓問題。

【第 4 問】甲乙二人俱在圓城中心而立，乙穿城向東行一百三十六步而止，甲穿城南行二百五十五步望見乙。問答同前。此為勾股上容圓問題。

【第 5 問】甲乙二人同立於乾地，乙東行一百八十步遇塔而止，甲南行三百六十步回望其塔正居城徑之半。問答同前。此為弦上容圓問題（唯依此題意可畫出多種不唯一的直角三角形，故句股以 a, b 表示，未加以編號）。

第 3 問公式　$d=\dfrac{2a_3b_3}{a_3+b_3}$　第 4 問公式　$d=\dfrac{2a_{12}b_{12}}{c_{12}}$

第 5 問公式　$d=\dfrac{2ab}{a+b}$

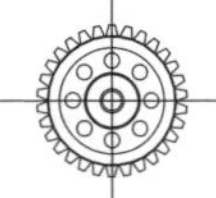

李冶在桐川研讀時，得到了洞淵的一部算書，內有「九容」之說，專研勾股容圓問題。此書對他啟發甚大，為了能全面、深入地研究，李冶「日夕玩繹」，終於對早年「無以當吾心」的「考圓之術」豁然貫通。至於要看他出神入化之幾何操作，當屬下面二題之舉例了。

【第 6 問】甲乙二人俱在坤地，乙東行一百九十二步而止，甲南行三百六十步望見乙與城參相直[5]。問答同前。

由題意，首先可得圖 9 所圍之 △ 天月坤，所給公式：

$$d=\frac{2a_{10}b_{10}}{c_{10}+(b_{10}-a_{10})}$$

可直接將值代入公式，即可求得：$d=\frac{2\times 192\times 360}{408+(360-192)}=240$。

此題與前述公式明顯有所變化，但循著李冶的思想，萬變不離其宗，始終以內切圓半徑為核心概念，那麼我們將發現，利用圓外切線長相等性質可知：$\overline{月甲}=\overline{月南}$，$\overline{坤西}=\overline{坤南}$，如圖 10。所以，

△天月坤面積 = △天甲心 + △天西心 − 正方形心南坤西 − 箏形心南月甲[6]

如設半徑為 r，即

$$\frac{1}{2}a_{10}\times b_{10}=\frac{1}{2}(c_{10}+\overline{月甲})\times r+\frac{1}{2}(b_{10}+\overline{坤西})\times r-\overline{坤西}\times r-\overline{月甲}\times r$$

$$=\frac{1}{2}[c_{10}+b_{10}-(\overline{坤西}+\overline{月甲})]\times r$$

得 $r=\frac{a_{10}\times b_{10}}{c_{10}+b_{10}-(\overline{坤西}+\overline{月甲})}$，$d=\frac{2a_{10}\times b_{10}}{c_{10}+b_{10}-a_{10}}$

---

[5] 原題意指甲乙二人各自向東、南行後分別到達月、天二地，此時正好與圓城甲地相切成一直線。

[6] 箏形月甲心南又可以拼組成以半徑為長，月甲為寬的長方形。

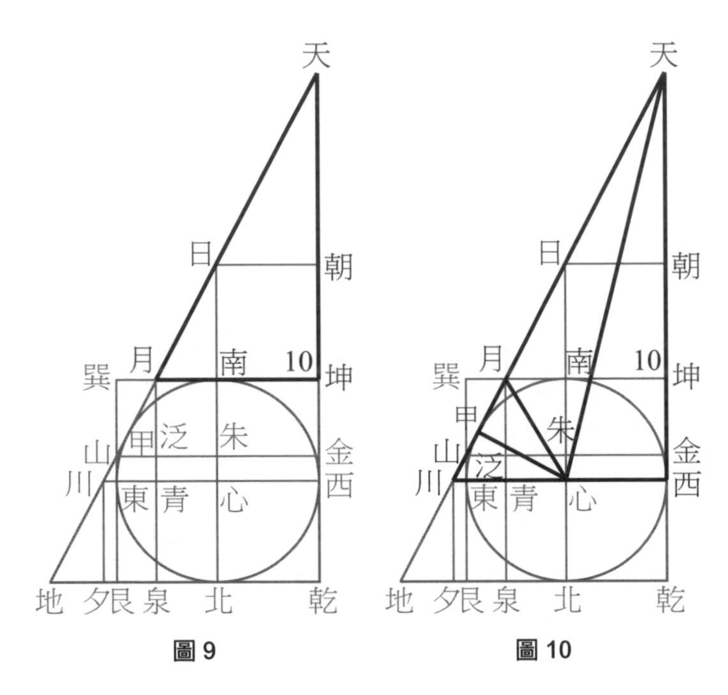

圖 9　　圖 10

漸漸地，我們發現李治已悄悄地將求內切圓半徑的方式，轉化為幾何圖形的面積置換，也就是，利用面積守恆不變概念，進而找出內切圓半徑。在這裡，我們將再以書中一例，說明李治對幾何操作的出神入化。

【第 8 問】甲乙二人同立於巽地，乙西行四十八步而止，甲北行九十步望乙與城參相直[7]。問答同前。

本題則是甲乙二人皆從「巽」地出發，乙向西行 48 步到達「月」

[7] 與城參相直表示與圓城相切，即月、甲、山在一直線上。

地，甲向北行 90 步到達「山」地後回望正好看見乙，表示不僅甲乙二人成一直線，同時此直線與圓城相切於「甲」地，所以所圍的三角形為 △ 山月巽，如圖 11 之斜邊上的小三角形。根據李冶公式很快算出 $d = \dfrac{2a_{13}b_{13}}{(a_{13}+b_{13})-c_{13}} = \dfrac{2\times 48\times 90}{(48+90)-102} = 240$。現在，讓我們想像李冶是如何精湛純熟地進行幾何操弄。

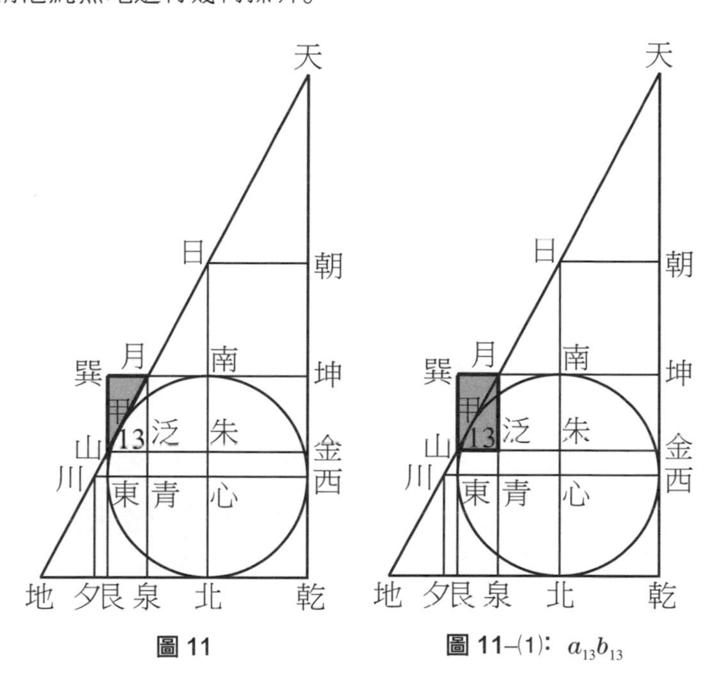

圖 11　　**圖 11–⑴**：$a_{13}b_{13}$

因為面積守恆不變，所以我們知道：

圖 11–⑴之 $a_{13}b_{13}$

矩形面積 = 圖 11–⑵面積 + 圖 11–⑶面積 – 圖 11–⑷面積

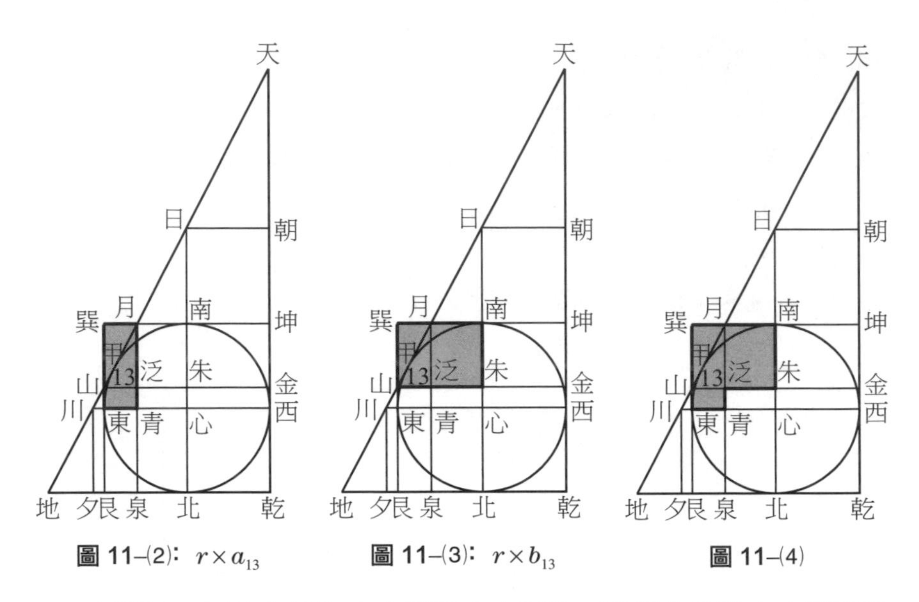

圖 11–(2)：$r \times a_{13}$　　**圖 11–(3)**：$r \times b_{13}$　　**圖 11–(4)**

又圖 11–(5)的多邊形心南月甲山東面積，可視為箏形心南月甲以及心甲山東所組成，而 △ 心月南 ≅ △ 心月甲，△ 心山甲 ≅ △ 心山東，故

多邊形心南月甲山東面積 = 矩形心南月青面積

+ 矩形心朱山東面積

換句話說，多邊形心南月甲山東面積可以表示成圖 11–(6)中的①+②+③+③，由二圖比較得知

矩形心朱泛青面積 = △ 泛月山面積 = △ 月巽山面積

也就是說，圖 11–(4)面積 = 圖 11–(5)面積。

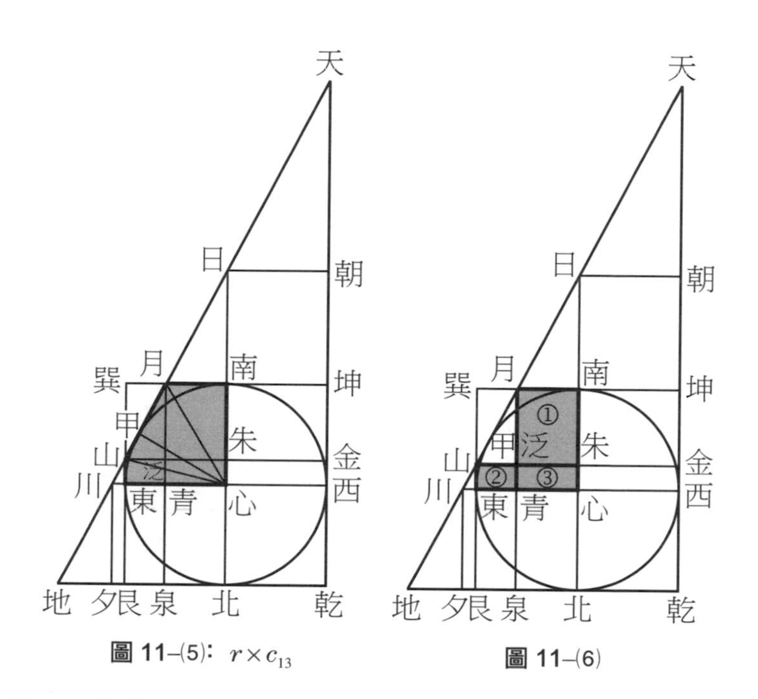

圖 11–(5)：$r \times c_{13}$　　圖 11–(6)

現在，我們可以整理公式如下：

由圖形面積可得 $a_{13}b_{13} = r \times a_{13} + r \times b_{13} - r \times c_{13}$

所以 $a_{13}b_{13} = r \times [(a_{13} + b_{13}) - c_{13}]$，$r$ 為內切圓半徑，

$r = \dfrac{a_{13}b_{13}}{(a_{13} + b_{13}) - c_{13}}$, $d = \dfrac{2a_{13}b_{13}}{(a_{13} + b_{13}) - c_{13}}$，此題得證。

透過這些題目的幾何推演，我們可以發現李冶對於幾何圖形所掌握到的基本幾何知識[8]，似乎與現代相比亦所差無幾。

❽在此幾何基本性質，諸如：圓外切線長性質、三角形全等性質等。

四、《測圓海鏡》的結構

《測圓海鏡》一書雖有十二卷，但卷一為全書的理論基礎，除了「圓城圖示」之外，也提供了「總率名號」及「今問正數」，前者是為「圓城圖示」中的各勾股形命名，後者則是李冶在以通弦 680、通勾 320、通股 600 為基礎數的前提下[9]，給出其他大小勾股形三邊長的數值，然後依據這些數值進行公式推演。因此，在卷一開始，他即開宗明義地對「圓城圖示」做了一些規定，以便對所設題目做邏輯性的演算：

假令有圓城一所，不知周徑。四面開門，門外縱橫各有十字大道，其西北十字道頭定為乾地，其東北十字道頭定為艮地，其東南十字道頭定為巽地，其西南十字道頭定為坤地。所有測望雜法，一一設問如后。

書中所有題目均從此城門出發，從卷二至卷十二共 170 題，各題包括「法」與「草」[10]。或縱走或橫行於各不同的十字大道上，但所求皆為同一個圓城直徑 240[11]。這樣的設計結構，其目的無非是想藉由

[9] 通弦 680、通勾 320、通股 600 即指「圓城圖示」中最大的直角三角形三邊長。

[10]《四庫全書》館按語稱：「草者法之本，法者草之用」，所以「法」使人易于推步，「草」則存其義以俟佑者。實際上，法是從草中提煉出來的。

[11] 唯卷二第 13 問以及卷十一第 11 問的勾股值與前後不同，其目的在於讓讀者靈活運用「天元術」。

不同的數字變化，或不同方位的題目設計，讓我們得以演繹出多種解題思路或觸發更多的解題技巧，以此觀之，《測圓海鏡》確實提供了我們在某部分幾何推演的「大概念」學習。

除此之外，本書中還有一個顯著特點就是，對於所構成之直角三角形的三邊長數字，則是以 8、15、17 為基礎做倍數變化，以「圓城圖示」中最大的直角三角形為例，它的三邊長分別是 680、600、320，它們是 8、15、17 這組數的 40 倍。而李冶之所以選取 8、15、17 這組數字，除了是因為這樣的畢氏三元數早已見於《九章算術》卷九〈句股章〉第 16 問之外[12]，另一原因，則是因為 8、15、17 三數和亦為 40，而此數與「今問正數」中的整體公式求法有關。李迪提出了相關研究說明，在「今問正數」所給的 13 組勾股弦中[13]，除了第 1 組為通弦 680、勾 320、股 600，分別以 c、a、b 表示之外，其餘 2 至 13 組的邊長皆可由此 c、a、b 求得。舉例來說，今設 T 為 2 至 13 組中任一組的三邊長總和，則此組的任一邊長可由下列相對應之式子求得：

$$\frac{T}{a+b+c}\times a,\qquad \frac{T}{a+b+c}\times b,\qquad \frac{T}{a+b+c}\times c$$

例如，我們想求大差勾股形斜邊 c_{10}，則可利用 $c_{10}=\frac{T}{a+b+c}\times c$ 或 $T=\frac{c_{10}\times(a+b+c)}{c}=\frac{408\times 1600}{680}=960$[14]，而以這樣方式選擇的數組，也會使得這 13 個數組為整數的最小數組。

[12] 參閱李繼閔，《九章算術校證》(九章出版社，2002)。

[13] 可參見李迪 (1999)，頁 206–208。

[14] 在「今問正數」中，我們可以查到 $c_{10}=408$、$a_{10}=192$、$b_{10}=360$、$a_{10}+b_{10}+c_{10}=960$，參閱孔國平 (1996)。

這樣的邏輯安排，誠如李冶在《測圓海鏡》序中說：

然則數果不可以窮耶？既已名之數矣，則又何為而不可窮也？故謂數為難窮，斯可；謂數為不可窮，斯不可。何則？彼其冥冥之中，固有昭昭者存。夫昭昭者，其自然之數也，非自然數，其自然之理也。數一出於自然，吾欲以力強窮之，使隶首復生，亦末如之何也。

顯然李冶認為數學可以難，但不是不能被透徹理解的，因為只要依循著冥冥中存在的自然之理，就能探究出真相。

五、李冶的不朽成就

李冶的其他著作除了《敬齋古今黈》中僅有《泛說》的引文，餘皆已失傳。不過，儘管李冶生平諸多著作，但臨死前卻對兒子李克修交代：

吾生平著述，死后可盡燔去，獨《測圓海鏡》一書，雖九九小數[15]，吾常精思致力焉，後世必有知者。庶可不廣垂永乎？

足見他對《測圓海鏡》一書的重視與自豪。另一方面，他也間接批駁了理學家對數學的輕視與傲慢。因為他說：「由技兼于事者言之，夷之

[15] 兩宋盛行的朱程理學，把算學說成是「九九賤技」，研究科技也被看作「玩物喪志」。

禮，夔之樂，亦不免為一技；由技進乎道者言之，石之斤，扁之輪，非聖人之所與乎?」按：夷是黃帝臣名；夔是舜臣名；石、扁，均為古工匠名。這也就是說，從技藝用於實際來說，聖人所作的禮和樂也不過是一種技藝，然而，如果從技藝包含自然規律（即「道」）來說，工匠使用的工具也是聖人所讚賞的。

在教育事業方面，李冶的貢獻與元代書院有關。相較於同時代的歐洲數學，十三世紀的中國北方數學研究活動似乎活躍多了。只是在中國幾千年的文化傳統中，算學始終被認為是「六藝之末」，而無法進入主流文化層面，也使得中國古代數學研究者的學術地位難登大雅之堂，理學大師朱熹更直言：「且如今為此學而不窮天理，明人倫，講聖言，通事故，乃兀然存心於一草木一器用之間，此是何學問?」所以，李冶最終離開北京歸隱封龍山，籌建封龍書院興辦教育。選擇從通儒轉變為數學家的道路，在當時雖算是離經叛道，但也可見其對數學專業研究之決心。

書院在中國教育史上始終有著特殊的地位，但人們較熟悉的常是白鹿洞、岳麓、嵩陽、應天等四大書院。其實，封龍書院早在東漢就成為重要的教育場所。書院有廟宇式講堂、天然式讀書窰洞等，院內尚有一墨池，又稱洗筆池，池水墨黑如漆，相傳為莘莘學子洗筆之處。至金元時期，李冶於封龍書院，聚徒授學，重振書院勃勃生機。封龍書院亦成為李冶後半生從事數學研究和數學教育活動的主要場所。也因為李冶與其好友元好問、張德輝 (1195–1275)（三人被稱為龍山三老）皆在此講學，書院因此而聲名大振，李冶愈來愈受到大家的尊重。1279 年，李冶卒於家中，享年 88 歲，謚號文正，足見大家對李冶的高評價[16]，也因此封龍書院成為唯一以研究數學而見長的書院。

李冶處在一個動盪不定的時代，特別是在棄官隱居以後，這種隱而不仕的態度，或許與當時道派盛行有關⓱，但至死仍見其學者研究之風骨。以致於他面對理學家對「九九賤技」的鄙視，不無自我解嘲的心情：

覽吾之編，察吾苦心，其憫我者當百數，其笑我者當千數，乃若吾之所得，則自得焉耳，寧復為人憫笑計哉？

李冶被史家視為十三世紀最偉大的代數學家，他的主要成就在於將宋金元時代的「天元術」集大成。同時，他對天元術問題進行分析有了較突破的改進，因為擺脫了幾何思維束縛。但就個人而言，或是身為國中數學教師而言，那純熟又能隨心所欲的幾何操作，才是讓人深深覺得那絕非是神來之筆，而是內化於心的知識能量。此時我彷彿又看到了那閃閃金光……

⓰因為宋代大學者范仲淹 (989–1052) 死後的諡號為「文正」，范仲淹的人格魅力和影響力使得「文正」成為士大夫最高的諡號。

⓱在金人攻陷北宋汴京，華北地區即淪入異族的統治，幾乎同一時期全真道派也在華北各處建立道觀，而全真道派能吸引知識份子自有其優異條件，其創始人王重陽和全真七子就大都是通儒學的高道之士。

參考文獻

1 孔國平 (1988)，《李冶傳》，石家莊：河北教育出版社。

2 孔國平 (1996)，《測圓海鏡導讀》，武漢：湖北教育出版社。

3 李儼、杜石然 (2000)，《中國古代數學簡史》，臺北：九章出版社。

4 李迪 (1999)，《中國數學通史：宋元卷》，上海：江蘇教育出版社。

5 洪萬生 (1993)，《談天三友》，臺北：明文書局。

6 林力娜 (Karine Chemla)（郭世榮譯）(1993)，〈李冶《測圓海鏡》的結構及其對數學知識的表述〉，《數學史研究文集》第五輯。內蒙古大學出版社、九章出版社。頁 123–142。

7 洪萬生 (1999)，〈全真教與金元數學——以李冶 (1192–1279) 為例〉，收入《金庸小說國際學術研討會論文集》，臺北：遠流出版社，頁 67–83。

8 洪萬生 (1996)，〈科學與宗教：一個人文的思考〉，刊《科技報導》。

9 洪萬生 (1991)，《孔子與數學》，臺北：明文書局。

10 洪萬生 (1989)，〈十三世紀的中國數學〉，收入吳嘉麗、葉鴻灑編，《新編中國科技史演講文稿選輯》(上)，臺北：銀禾文化事業公司，頁 142–162。

11 梁正卿 (2000)，《卜筮實證秘訣》，臺北：武陵書局。

12 李繼閔 (2002)，《九章算術校證》，臺北：九章出版社。

13 劉鵬飛 (2012)，〈千年書院中數學文化的播種者——李冶〉，《數學文化》第 4 期。

資料引自 http://blog.sciencenet.cn/blog-532238-874975.html

附錄

天元術與列方程式

《測圓海鏡》卷七第二題如下：

假令有圓城一所，不知周徑，或問丙出南門直行一百三十五步而立，甲出東門直行一十六步見之，問徑幾何？

圖 12 引文是其中第二解法。在引述解法的「草曰」之同時，我們也並列現代數學符號的翻譯。

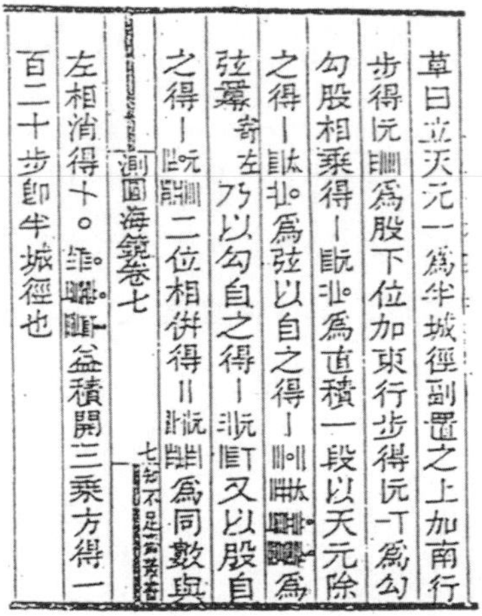

圖 12：《測圓海鏡》卷七第二題

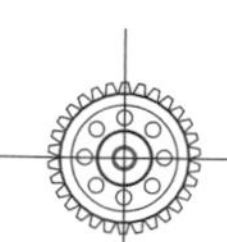

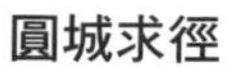

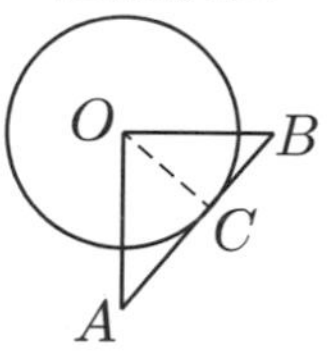

草曰：立天元一為半城徑，副置之，上加南行步，得

| 元
|≡||||

【解】設 x 為圓城半徑
則股 $OA = x + 135$

為股。下位加東行步，得

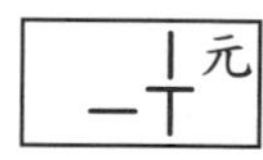

勾 $OB = x + 16$

為勾。勾股相乘，得

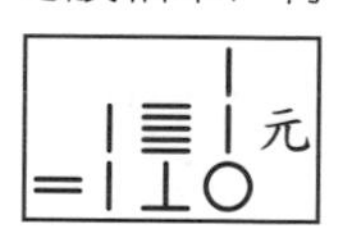

勾 × 股 $= (x + 135)(x + 16)$
$= x^2 + 151x + 2160$

為直積一段。以天元除之，得

以 x 除之，得
弦 $= x + 151 + 2160x^{-1}$
$(\because AB \cdot OC = OA \cdot OB)$

為弦。以自（乘）之，得

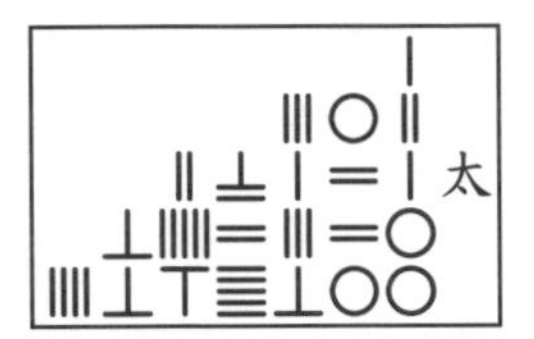

自乘之，得

$(\text{弦})^2 = x^2 + 302x + 27121$
$+652320x^{-1} + 4665600x^{-2}$
（左式）

為弦冪，寄左。乃以勾自之，得

又 $(\text{勾})^2 = (x+16)^2$
$= x^2 + 32x + 256$

又以股自之，得

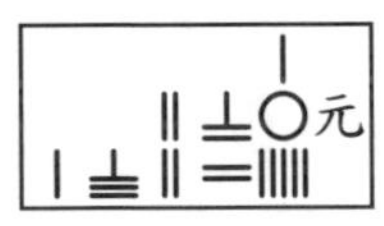

$(\text{股})^2 = (x+135)^2$
$= x^2 + 270x + 18225$

二位相併，得

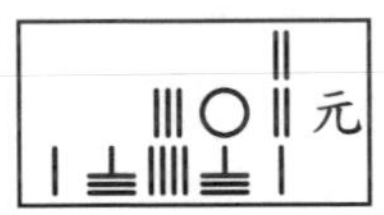

$(\text{股})^2 + (\text{勾})^2$
$= 2x^2 + 302x + 18481$
$= (\text{弦})^2$

為同數。與左相消，得

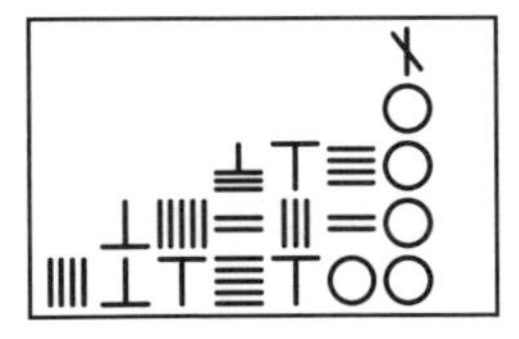

與「左式」相消，得

$-x^2 + 8640 + 652320x^{-1}$
$+ 4665600x^{-2} = 0$

改列方程，就是

$-x^4 + 8640x^2 + 652320x$
$+ 4665600 = 0$

益積開三乘方，得一百二十步，即半城徑也。

以賈憲－霍納法解之，得 $x = 120$（步）即為圓城的半徑。

這個問題的原意如下：假設有一座圓形城牆（十三世紀中國古代城市的常見外形），不知道周長與直徑為何。現在，有某丙出南門直走 135 步後站在那兒，又有某甲出東門直走 16 步後，剛好可以看得到某丙。試問直徑等於多少？

李冶列方程式時，利用了一個他乃至於其他中國古代數學家都未曾證明的幾何命題：直角三角形的兩股乘積等於斜邊及其上的高之乘積。另外，在上述最後的一個籌式中，「元」或「太」不再出現時，意指它所代表的是一個方程式，而非多項式或有理式。還有，所謂的「益積開三乘方」是所謂的「賈憲－霍納法」的一種形式，用以求解一元高次方程式的數值解。不過，在此，李冶並未詳列解方程式之過程，或許顯示這一解法已經為當時習算者或數學家所熟知。事實上，這種方法後來就被南宋數學家秦九韶延拓成「正負開方術」，而做了集大成的貢獻。

圖片出處

圖 12：Wikimedia Commons

約翰·迪伊：一個有神秘色彩的數學家

劉雅茵

在《伊莉莎白：輝煌時代》(*Elizabeth: The Golden Age*) 電影中，故事進行到西班牙無敵艦隊入侵、英國陷入危急存亡之際，女王來約翰·迪伊博士辦公室，向他諮詢禦敵之道。約翰·迪伊盛讚女王英明，艱苦奮鬥必能度過難關，但卻拒絕說明他的星占所指示的，究竟是哪個帝國升起，哪個帝國淪落。

伊莉莎白女王：請，就給我希望吧。

約翰·迪伊：陛下，這股形塑我們世界的力量，比我們所有人都要強大。即使您是女王，我怎麼能保證他們會共同促成您的喜好呢？但至少我知道，當風暴停止時，每個人的行為會與他們的本質一致。有些會恐懼得不能說話。有些會逃走。有些會躲藏。而有些會展開他們的翅膀，就像老鷹一樣，在風中遨翔。

伊莉莎白女王：迪伊博士，你是個有智慧的人。

約翰·迪伊：而您，女士 (Madame)，是一個非常偉大的小姐 (Lady)。

圖 1：迪伊在女王面前進行實驗

約翰・迪伊（John Dee，1527–約 1608）堪稱是十六世紀英國歷史上最迷人的角色之一，他是伊莉莎白女王 (Queen Elizabeth, 1533–1603) 的國師，同時也是數學家。他的生命經驗中充斥了科學、實驗、數學、占星與魔法。透過約翰・迪伊，或許我們可以更能理解當時數學家如何看待神祕學問與數學的關係，以及數學家在當時所扮演的角色。

圖 2：約翰・迪伊畫像

一、迪伊略傳

1527 年 7 月 13 日，約翰・迪伊在英國倫敦誕生，卒於 1608 年或 1609 年。父親羅蘭德・迪伊 (Ronald Dee) 是亨利八世 (King Henry VIII) 的宮廷紡織商，母親是珍・懷爾德 (Jane Wild)，他是獨生子。

約翰・迪伊在 1542 年進入劍橋的聖約翰學院，學習希臘文、拉丁文、哲學、幾何學、數論及天文學，並在 1546 年以文學士畢業，隨後，他成為聖約翰學院的研究員。1546 年 12 月，亨利八世創立了三一學院，在當時這是劍橋最大的學院，約翰・迪伊成為其創立時的研究員之一。後來，在 1548 年他前往布魯塞爾附近的魯汶 (Louvain)，開始他的歐洲大陸學習之旅。在那裡，他和弗里修斯以及麥卡托一起研究，甚至與麥卡托成為很親近的朋友[1]。

---

[1] 赫馬・弗里修斯 (Gemma Frisius, 1508–1555) 是一個物理學家、數學家、製圖家、哲學家以及工具製作者，他製作的工具品質與準確度為弟谷 (Tycho Brahe, 1546–1601) 所稱讚。在 1533 年首度提出三角測量的方法，至今仍然為測量學所使用。他更是第一個提出可以利用時鐘來確定經線，在當時這是不被相信的，直到精確的時鐘出現，這一觀點被證實了。麥卡托及迪伊都是弗里修斯的學生。參考自 http://en.wikipedia.org/wiki/Gemma_Frisius。麥卡托 (Gerardus Mercator, 1512–1594) 跟隨弗里修斯學習數學、天文學和地理學。1537 年製造了一張聖經的聖地地圖，由於地圖精確可靠，很受時人的讚賞。1569 年，麥卡托發表著名的麥卡托投影法，他解釋到他意圖「將球體表面攤開在平面上，使各個地區的相對位置彼此之間皆正確，連同距離以及經緯度也考慮在內。」而他的世界地圖至今仍為人所使用，甚至是 Google Maps。參考自 http://pansci.tw/archives/65015 及 http://wol.jw.org/zh-Hant/wol/d/r24/lp-ch/102009127#h=11

1550 年，歐洲陷入宗教改革 (reformation)、反改教 (counter-reformation) 運動與文化改革的風暴中，而約翰・迪伊則是依違在天主教與新教徒之間。他在巴黎大學教授歐幾里得《幾何原本》，同時以歐幾里得的命題方式來評論時事。這是多麼有魅力的課程啊，他的演講廳總是被學生擠得水洩不通，窗外的學生即使聽不到他的聲音，也想要一睹他的風采。

約翰・迪伊的熱門課程為他贏得了聲望，也因而獲得巴黎大學的青睞，邀聘他為數學教授，但他沒有接受。三年之後，牛津大學提供給他數學科學的講師職位，他也拒絕了。後來，當他為英國愛德華六世（King Edward VI，亨利八世的兒子）進行有關宇宙論與地質學的簡報之後，他被留下來為英王服務，也開始了他的公職生涯。

在愛德華六世過世後，天主教與新教徒在繼承上產生了劇烈的衝突，最後由瑪麗皇后（Queen Mary，亨利八世的女兒）繼承英國王位。在瑪麗皇后上位後，她開始採取反新教的措施，許多人被捕下獄，約翰・迪伊的父親也不幸名列其中。事實上，「血腥瑪麗」的封號應該是這樣來的。在羅蘭德・迪伊被剝奪所有財產之後，才被釋放出來，但是，這也使得約翰・迪伊陷入嚴重的財務困境。

在 1555 年，約翰・迪伊也以星占計算的罪名被捕，三個月之後，他才被無罪釋放。這段期間的英國認為數學擁有神祕的力量，他們甚至會燒毀數學書籍，因為它們具有魔法。事實上，對當時的英國人而言，mathematics 這個英文字等同於占星，任何人凡是牽涉到 mathematics，隨時都可能被羅織罪名而下獄。

二、約翰・迪伊的圖書館

1556 年，約翰・迪伊向瑪麗皇后提案建立國家圖書館，不過，這項提案並未得到支持。然而，儘管財務困難，他仍決定要建立自己的圖書館。這個圖書館位在倫敦的摩特雷克 (Mortlake)，是他與母親的住所。他的圖書館有著驚人數量的學者作品、天文儀器、地球儀（包括麥卡托送給他的）和精準的時鐘。在 1558 年瑪麗皇后過世後，約翰・迪伊迅速地向繼任的伊莉莎白女王（也是亨利八世的女兒）靠攏，甚至為她計算星盤，挑選適合加冕的良辰吉日。1568 年，約翰・迪伊出版 *Propaedeumata Aphoristica*，獻給伊莉莎白女王，並教導女王數學以充當預備知識。該書包含了物理、數學、占星學與魔法，其中提到不同重量的物體會以相同速度落下的概念，以及宇宙中的每個物體都會對其他物體施加一種力。當然，約翰・迪伊這一個曾經服侍過瑪麗皇后的官員，為何會迅速地向新教徒的伊莉莎白女王輸誠？這相當令人納悶，甚至有人懷疑他是伊莉莎白女王安排在瑪麗皇后跟前的間諜。

約翰・迪伊為了他的圖書館，曾多次去歐洲收集書籍，同時也學習天文、占星、數學、密碼和魔法──這些主題都與他想要理解宇宙的終極真相有關。儘管他的財務困難，但由他的信件中可以發現，他訪問歐洲時通常會下榻體面的旅館，讓人不得不猜測他去歐洲的目的，是否帶有其他的政治任務？我們可以看以下兩個例子，就不難理解怎麼會有這樣的謠言了。

1563 年，約翰・迪伊宣稱他要去歐洲找回他在低地國家出版過的作品。在這趟歐洲旅程中，他也去普雷斯堡 (Pressburg) 晉見了神聖羅馬帝國皇帝魯道夫二世 (Rudolph II)，並獻上他的著作 *Monas Hieroglyphica*，這本書的書名頁附圖，揭示了該書是打開宇宙智慧的一把鑰匙。

另外，在致賽西爾（William Cecil，是女王重臣，後來成為財務大臣）的書信中，約翰・迪伊提到他從一個匈牙利的貴族手中，取得特里特米烏斯 (Trithemius) 的 *Steganographia* 手稿，但他只能拿到一半的副本。約翰・迪伊認為他如果繼續為這個貴族服務，應該可以得到其餘的部分。這本書對約翰・迪伊來說是無價的，在寫給賽西爾的信中，他激動地表示：

對於閣下或親王而言，如此適合、如此必要且寬敞的一本書，就好像在人類的知識中，沒有比這更適合、更必要的。……這本書……我要獻給閣下，比起其他耗費精神的工作，它是我至今所找到的最珍貴的寶石❷。

在約翰・迪伊的檔案中，我們也可以找到關於這項任務的表揚證書，可見他應該是為了英國政府，去尋找某項很有價值的手稿，而且，他為此花費了許多心思。

❷引 Leslie A. Rutledge, “John Dee: Consultant to Queen Elizabeth I”.

三、英譯版《幾何原本》序言

約翰・迪伊生平撰寫了近 80 篇論文，多數都沒有出版，有許多至今也只存標題，原稿喪失殆盡。在他眾多的論文之中，以他為比林斯利 (Billingsley) 在 1570 年出版的第一本英文版《幾何原本》(封面參見圖 3）所寫的序言最為有名，其中，他提出了一套系統化的分類架構，納入知識內容涵蓋數學技術 (mathematical arts)、自然科學、它們之間彼此的關係，以及到 1570 年之前所有的發展情況。約翰・迪伊的系統源自柏拉圖的觀念論，以及亞里斯多德實用知識與理論知識兩者的結合。

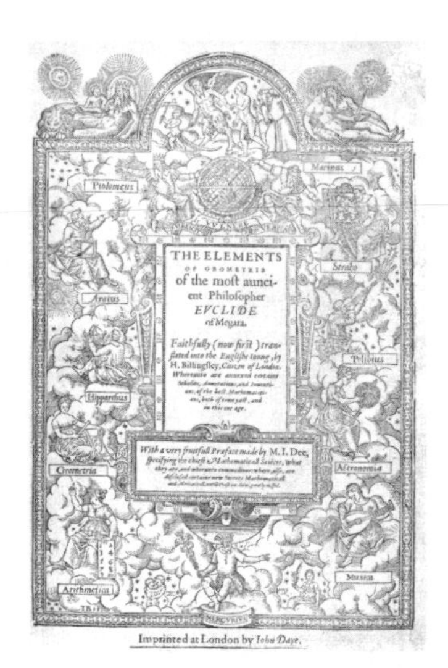

THE ELEMENTS
OF GEOMETRIE
of the most aunci-
ent Philosopher
EVCLIDE
of Megara.

Faithfully (now first) tran-
slated into the Englishe toung, by
H. Billingsley, Citizen of London.

With a very fruitfull Praeface made by M. I. Dee,

Imprinted at London by John Daye.

圖 3：第一部英文版《幾何原本》封面

實際上，約翰・迪伊認為數學是所有生命的重要理論，是萬物的共通點，也因此是所有知識的基礎。在他的本體論中，任何事物可以分成超自然的、自然的或是數學的；自然的事物有物質的實體 (material substance)，超自然的事物有精神的實體 (spiritual substance)，而數學的事物則是非實體的 (non-substantive)。前兩者互相獨立存在，而在它們之上的，則是支配原理的數學，即數學可同等地應用於所有主題上，是所有智慧的準則。因此，約翰・迪伊主張數學是研究科學的終極目標。他更描述數學就像一棵樹的主幹，自然科學與人文科學就像嫁接在主幹上的樹枝。在這個比喻中，自然科學和人文科學是不同材料的樹枝，因為它們有各自的假設，以及一連串的演繹推理，然而，它們即使是不同的實體，卻都依賴著數學。數學是溝通所有智慧的橋樑，針對某一知識之追求，是有助於另一知識的追求的，因為數學可以將它們串聯起來。為了表示數學是生命的統一原理，他還提到：

上帝……以數字、重量和尺寸創造出萬物：因此，賜與我們祂偉大的神蹟，祂揭示了方法，藉此，可以獲得關於先前提到的祂的三項主要工具的充分且必要的知識：那個方法，我已大量地向你證明了，是自然學科和數學技術 (*artes mathematicall*)[3]。

[3] 轉引自 Charles St. Clair, "John Dee's 'Mathematicall Praeface': A Sixteenth Century Classification of the Mathematical Arts and Science".

約翰・迪伊所提到的科學及衍生出來的技術 (artes) 包含有：

通俗的算術 (Arithmetike)，即操作與比較數字的技術；

通俗的幾何 (Geometrie)，即測量的技術；

透視圖法 (Perspective)；

天文學 (Astronomie)；

音樂 (Musike)；

宇宙結構學 (Cosmographie)[4]；

占星學 (Astrologie)；

靜力學 (Statike)；

人類誌 (Anthropographie)，即關於人類的科學；

旋轉機械運動學 (Trochilike)，即所有關於圓周運動的技術；

Heliocosophy，即關於螺旋線的性質；

氣體動力學 (Pneumatithmie)；

Menadrie，即關於力的加成作用；

Hypogeiodie，即關於地表的特徵與地下的特徵的相關性；

Hydragogie，即關於輸水到所需之處的技術；

Horometrie，即時間的研究；

Zographie，即圖解的技術，特別是繪畫；

建築學 (Architecture)；

---

[4] 宇宙結構學 (cosmography) 是繪製宇宙的普遍特徵的一門學科，其中包含描述天堂與地球的關係，但並未涉及地理學與天文學的範疇。參考自 http://en.wikipedia.org/wiki/Cosmography

航海學 (Nauigation)；

魔法 (Thaumaturgike)，即技巧上的幻覺的技術；

Archemastrie，即實用數學的技術。

約翰・迪伊認為最後這個是技術與科學的最高級的一種技巧。儘管約翰・迪伊的分類在當代而言並不是最全面的，但我們可以從他的分類看到關於十六世紀智慧結晶的素描，以及仍待發展的方向。

除了為 1570 年的《幾何原本》寫序之外，約翰・迪伊也在後面幾卷有關立體幾何的卷末加上了註解，以附錄的形式存世。這可能和他之前的 *Tyrocinium Mathematicum* 有關，可惜這本書已經遺失。該書很可能是他為了教導托馬斯・迪其斯 (Thomas Digges) 學習《幾何原本》的立體幾何部分所寫。有趣的是，約翰・迪伊為《幾何原本》的第十三卷第二個命題註解時，他特別標上日期 1569 年 12 月 18 日，這似乎顯示出他並不想將這些註解，拱手讓給比林斯利。

四、航海學與曆法改革

從 1555 年開始的 32 年期間，約翰・迪伊在穆斯科公司 (Muscovy Company) 擔任顧問，它的一項目標即是尋找最北的航道。他為這間公司準備航海的資料，包含北極地區的航海圖在內。在 1576 年出發去探索新世界之前，他也教導船員幾何學與宇宙結構學。

在伊莉莎白時代面臨財務困難之時，所能想到的解決方法，無疑的就是海軍與黃金。為了建立海上防衛隊，約翰・迪伊大量地出版他的 *General and Rare Memorials Pertaining to the Perfect Art of Navigation*，書中囊括了數千人的海軍經驗、潮汐圖以及英國所有海岸的深度。為什麼約翰・迪伊用「稀少」(rare) 這個字眼呢？這是因為他控制這本書的散播範圍！約翰・迪伊在為政府服務時學到了分類的重要，因此，他將此書分類為「限官方使用」，並且只給政府的重要成員。想當然爾，這本書最後被稱為「英國最稀少的印刷書」。

1583 年，約翰・迪伊曾向伊莉莎白提出曆法改革，使曆法合乎天文年 (the astronomical year)。當時天主教國的曆法是由教宗格里高利十三世 (Pope Gregory XIII) 在 1582 年批准的新曆法，而約翰・迪伊的曆法相對來的更好。他的提案獲得伊莉莎白的支持，卻遭受坎特伯雷大主教 (the Archbishop of Canterbury) 的反對，一方面是因為他長期與伊莉莎白不合，另一方面是因為這個曆法與天主教教會前年實行的曆法太接近。約翰・迪伊的曆法改革失敗，意味著直到 1752 年為止，英國曆法都與其他歐洲地區的曆法不一致。

五、占星與煉金

圖 4：The Monas Hieroglyphica❺

約翰・迪伊讀過許多關於煉金術與占星學的圖書資料，也寫過相關的書籍。這個情況在文藝復興時期並不令人意外，就如弟谷、牛頓 (Isaac Newton, 1642–1727)、卡瓦列利 (Francesco Bonaventura Cavalieri, 1598–1647)、刻卜勒 (Johannes Kepler, 1571–1630) 都著迷於占星學或煉金術。1581 年，約翰・迪伊在他的日記裡寫到：

我注視著人家給我的水晶球 (Chrystallo)，而且我看到了[6]。

從此，約翰・迪伊開始與靈界 (the spirit world) 溝通。但是，約翰・迪伊並沒有辦法把水晶球所顯現的事物看得很清楚。在 1583 年，一個自稱可以透過凝視水晶球和天使與靈魂互動的人——愛德華・凱利 (Edward Kelley)，走進了約翰・迪伊的生命。約翰・迪伊和凱利開始利用水晶球和天使的密碼 (Claves Angelicae) 為人進行占卜或施咒，其中地位最高的客人，便是波蘭的阿爾伯特・拉斯基 (Albert Laski) 伯爵。拉斯基伯爵當時快破產了，所以，他亟需黃金，而天使承諾他會找到煉金的配方，因此，他請約翰・迪伊和凱利連夜趕往波蘭幫助他。

接下來幾年，凱利厭倦了接收天使的密碼的工作，而且薪水太低，所以，他離開約翰・迪伊，開始自己生產某種紅色和白色的粉末，並且進行煉金的工作，他得到了財富，身分地位也快速地晉升，由愛德

❺The Monas Hieroglyphica 是由約翰・迪伊所創造的，他認為這個圖像表示神秘學知識的基本符號；此外，*The Monas Hieroglyphica* 也是他的一本出版作品，內容就是關於神秘的事物。

❻取自維基百科。

華・凱利博士到愛德華・凱利爵士，但最終入獄收場。約翰・迪伊接到來自英國大法官布爾里 (Burleigh, the Lord Chancellor) 的來信，因為西班牙的無敵艦隊快要入侵了，希望能得到凱利的黃金以支援英國的海軍。但最終伊莉莎白所得到的，只是一隻溫熱的鍋子，裡面有著一小圈的黃金，據說是用凱利的粉所提煉出來的。

相對於凱利的戲劇性生涯，約翰・迪伊黯淡許多，他依舊處於財務困境，更糟糕的，是他回到摩特雷克，卻發現他的圖書館多數的書與科學工具都被偷了。在伊莉莎白的認可下，他試著得到聖約翰大教堂院長 (Master of St. John's Cross) 一職，可惜，受制於坎特伯雷大主教的反對，他並未成功。終於在 1596 年，約翰・迪伊成為曼徹斯特的參議會的教區委員 (warden of the Collegiate Chapter in Manchester)。實際上，這是迫使他離開倫敦的手段。1608 年，約翰・迪伊在摩特雷克過世。

六、結論

在十六世紀的文藝復興時期，數學家除了良好的專業訓練之外，還需透過社會地位的提升，來增加自己的知名度與說服力。在當時隨著歐洲的船員開始向其他地區展開探索與冒險，航海學、天文學有關的幾何學，以及當時文化所需的占星學顯得格外重要，而成為當時的數學家與科學家所關注的焦點之一。我們可以看到約翰・迪伊以占星、魔法以及其數學、航海等各方面的知識為貴族服務，換取到伊莉莎白的國師一職，讓他有足夠的機會發揮長才與影響。或許我們可以說約翰・迪伊的一生正是那個時代的一個縮影吧!

此外，我們可以注意到《幾何原本》對約翰・迪伊的影響甚大。《幾何原本》從不證自明的公理出發，逐步建構出複雜的理論，或許約翰・迪伊也秉持相同的看法，無怪乎他在《幾何原本》的序言裡提到的數學，正是宇宙萬物最基本的原理。

《幾何原本》是西方學習數學與科學的重要依據，從教育的觀點來看，其重點在於發展學習者的演繹推理能力。約翰・迪伊在巴黎大學的《幾何原本》課程極其令人印象深刻。他將《幾何原本》的學習與時事結合，仿照歐幾里得的命題方式來議論時事，或許這是我們可以學習的一種教學法。

參考文獻

1 Johnston, Stephen (2009), "John Dee's *Tyrocinium Mathematicum*: New Evidence for a Lost Text," John Dee Quartercentennary Conference.

2 Leslie Rutledge (2011), "John Dee: Consultant to Queen Elizabeth I", https://www.nsa.gov/news-features/declassified-documents/tech-journals/assets/files/john-dee.pdf. Approved for release by NSA on 11-29-2011, Transparency Case# 63853.

3 St. Clair, Charles. (1963), "John Dee's "Mathematicall Praeface": A Sixteenth Century Classification of the Mathematical Arts and Science," *PROC. OF THE OKLA. ACAD. OF SCI*. FOR 1963, pp. 165–168.

4 Stedall, Jacqueline (2012), *The History of Mathematics: A Very Short Introduction.* New York: Oxford University Press.

5 網站資源：The MacTutor History of Mathematics archive
http://www-history.mcs.st-andrews.ac.uk/Mathematicians/Dee.html

編按：本文承張秉瑩博士審訂，謹此申謝。

圖片出處

圖 1：Wikimedia Commons

圖 2：Wikimedia Commons

圖 3：Wikimedia Commons

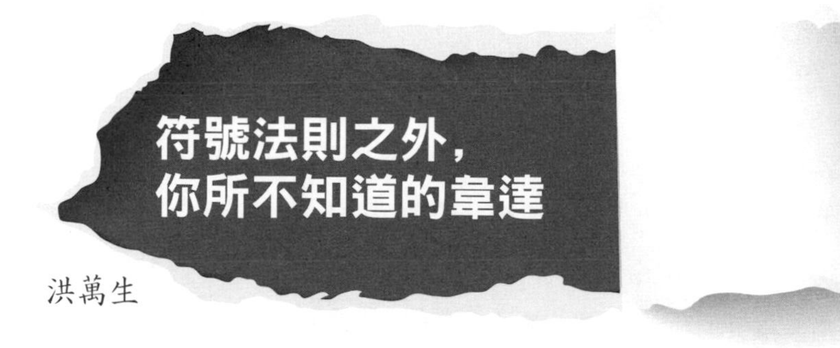

符號法則之外，你所不知道的韋達

洪萬生

一、前言

對於現代讀者來說，底下這一行拉丁文應該相當費解：

X quadratum in A ter, minus A cubo, aequetur X quadrato in B

事實上，它是法國數學家韋達在符號法則方面的重大發明。後來，再經過笛卡兒的改良，而「翻譯」成為如下的（三次代數方程）式子：

$$3X^2A - A^3 = X^2B$$

伴隨著符號法則的現身及演化，新的代數思維（譬如解析法）逐漸成為思維的主導角色。笛卡兒在 1629 年所出版的《思維的指導法則》(*Rules for the Direction of the Mind*)，就是最好的見證。他指出：

數學是把握其他更重要科學的最簡單和必不可少的思維訓練和準備。當代一些天才人物試圖復興這種還不正規的「代數」科學。如果我們能把它從無數的數字和令人費解的圖形中提煉出來，那麼，它就會展現我們認為真正的數學所應該具有的條理性和簡單性。

換言之，到了十七世紀二十年代，代數都還不算是「正規的」或「可敬的」一個數學分支，然而，當代一些傑出人物（包括笛卡兒自己）卻戮力「復興」這種古希臘的學問。至於其目標，則是他們試圖從紛雜數字與費解圖形中，提煉出具有條理性與簡單性的「代數精華」。當然，所有這些都只是因為他們認定數學是其他重要科學的基礎！

在笛卡兒之前，韋達於 1591 年出版的《解析技術引論》(*Introduction to the Analytic Art*) 是一部符號法則經典，它將新代數與古希臘的解析方法 (the method of analysis) 等同起來，進一步顯示這種新代數的「簡單」及「有條理」特性，因此，韋達宣稱這種新代數是一種尋求數學真理的方法。

不過，除了符號法則之外，韋達也有一些較少為人所知的事功，譬如，他在法國亨利四世 (Henri IV, 1553–1610) 宮廷任官時，如何破解西班牙國王菲利普二世 (Philip II of Spain, 1527–1598) 的密件，乃至於被要求解四十五次方程式，以挽回法國顏面等等，都見證了數學素養在十六世紀末法國，如何讓一些數學活動參與者 (mathematical practitioner) 發揮國際外交的廷臣 (courtier) 功能。因此，當時數學得以發展，不單是因為它的實用需求，同時也由於它的某些特殊的公共服務功能。

因此，這可能是你所不知道的韋達所曾經扮演的角色！底下，我們接著介紹韋達的生平傳略。

二、韋達略傳

圖 1：韋達畫像

韋達（François Viète, 1540–1603，拉丁名為 Franciscus Vieta）的父親是律師兼公證人。他在法國波亦迪爾 (Poitiers) 大學法律系畢業後，返回故鄉芳田康特 (Fontenay le Comte) 擔任律師。後來，他應召到巴黎擔任公職。他原屬法國新教，宦途尚稱順遂。後來，顯然是基於「政治考量」，他與亨利四世同時改宗皈依羅馬天主教。此外，他曾破解西班牙國王菲利普二世的情報密件，而被告狀到羅馬教皇，指控他使用巫術 (black magic)，而「違背了基督教信仰」。至於數學研究，則只是他的業餘嗜好。這種作風類似後來的費馬（Pierre de Fermat，約 1607–1665），或許夜晚閒暇進入數學的世界，多少可以鬆弛白天政治場域的爾虞我詐吧。

不過，他的數學素養卻為他在宮廷之中，保住了國家顏面。話說比利時魯汶大學數學兼醫學教授范羅門 (Adriaan van Roomen, 1561–1615) 在他的《數學思潮》(*Ideae Mathematicae*) 中，介紹了多位當代重要數學家，但是，卻沒有法國數學家名列其中。荷蘭駐法大使藉題發揮，貶低法國的科學成就，並引用其中一個求解四十五次方程式問題，向法國數學家挑戰。於是，亨利四世召喚韋達前來解題，結果，韋達立刻找出一個解，隔日，他又找到二十二個解。這個插曲充分見證韋達的符號代數思維以及他在三角學方面的嫻熟能力（下文也將簡略說明）。英國數學史家格拉頓－吉尼斯 (Ivor Grattan-Guinness, 1941–2014) 曾論述說：1540–1660 年間的歐洲是三角學的年代，韋達的三角學研究成果就是最佳範例之一。

韋達捲入國際（宗教）事件的另一插曲，是他因為教宗改曆，而尖銳批判德國耶穌會士克拉維烏斯 (Christopher Clavius, 1538–1612)[1]，他公開譴責克拉維烏斯是「假數學家與假神學家」。原來由凱薩羅馬皇帝於西元前 46 年在《儒略曆》(Julian calendar) 中所引進的置閏法，是在每 385 年的週期，都會多出 3 個閏年。如此，春秋分與夏冬至會慢慢移離曆法中原先的日期。由於春分日決定了復活節的日期，因此，改曆之聲浪逐漸高漲。於是，教宗格里高利十三世任命克拉維烏斯主持改曆。他主張《儒略曆》的 1582 年 10 月 4 日星期四，應該接上（新曆）《格里曆》(Gregorian calendar) 的 1582 年 10 月 15 日星期五，同時，閏年出現之年數恰好可以被 4 整除，而如果該年以 00 為末兩位數，則應該可以被 400 整除。此一法則今天仍然在使用。事實上，此曆需要經歷 3500 年，才會有一天的誤差。

[1] 克拉維烏斯是利瑪竇 (Matteo Ricci, 1552–1610) 的老師，在利瑪竇、徐光啟 (1562–1633) 合譯的《幾何原本》（根據克拉維烏斯改編的拉丁文十五卷版）中，被稱為「丁先生」。

此一新曆對於被平白「偷走」11 天的人民來說，當然極端不爽，譬如說吧，要是你放高利貸的話，就平白少收了十一天的利息。法蘭克福地區就有暴動發生，抗議教宗與克拉維烏斯等數學家的「陰謀」。不過，韋達與克拉維烏斯爭辯的結果，是教宗的改曆顧問團摒棄他的新代數，無怪乎耶穌會數學家也拒絕採用他的新代數。

三、韋達解四十五次方程式

韋達所解的四十五次方程式如下所列：

$$x^{45}-45x^{43}+945x^{41}-12300x^{39}+\cdots+95634x^{5}-3795x^{3}+45x=c$$

其中 c 為常數。

有關此一精彩解法，在此主要參考毛爾的《毛起來說三角》，他根據韋達在《回應》(*Responsum*, 1595) 中的解答綱要所改寫。

首先，令 $c=2\sin 45\theta$, $y=2\sin 15\theta$, $z=2\sin 5\theta$, $x=2\sin\theta$，其中我們求解的是 $x=2\sin\theta$。給定下列恆等式 $2\sin 3\alpha=6\sin\alpha-8\sin^{3}\alpha$（*）。令 $\alpha=15\theta$ 代入，得 $2\sin 45\theta=6\sin 15\theta-8\sin^{3}15\theta$，從而 $c=3y-8y^{3}$。再令 $\alpha=5\theta$，代入（*）得 $y=3z-z^{3}$。

另一方面，如利用下列恆等式

$$\sin^{5}\alpha=\frac{5}{8}\sin\alpha-\frac{5}{16}\sin 3\alpha+\frac{1}{16}\sin 5\alpha$$ [2]

等式兩邊同乘以 32，得 $32\sin^{5}\alpha=20\sin\alpha-10\sin 3\alpha+2\sin 5\alpha$，以 $\alpha=\theta$

[2] 轉引毛爾的註解：這個等式可以從 $\sin 5\alpha=5\sin\alpha-20\sin^{3}\alpha+16\sin^{5}\alpha$ 得到：先以 $\dfrac{3\sin\alpha-\sin 3\alpha}{4}$ 代入 $\sin^{3}\alpha$，再解出 $\sin^{5}\alpha$。

代入，得 $32\sin^5\theta = 20\sin\theta - 10\sin 3\theta + 2\sin 5\theta$。將最後這一個恆等式以 x 和 z 表示，亦即以 $x = 2\sin\theta$，$z = 2\sin 5\theta$ 代入，得 $x^5 = 10x - 5(3x - x^3) + z$ 或 $z = 5x - 5x^3 + x^5$。

現在，將上述三個與 x, y, z 有關的方程式：

$$c = 3y - 8y^3$$

$$y = 3z - z^3$$

$$z = 5x - 5x^3 + x^5$$

化簡為 x 的方程式，正是范羅門所挑戰的 45 次方程式。其實韋達所做的，只不過是將 $c = 2\sin 45\theta$ 運用 $x = 2\sin\theta$ 來表示，而由於 c 值給定，因而待解的 x 值也可確定。至於韋達之進路，則正如數學史家卡約里 (F. Cajori, 1859–1930) 所評論：「因為 $45 = 3 \cdot 3 \cdot 5$，因此只需把一個角分成五等份，再分成三等份，然後再分成三等份，這樣就能得到三次及五次的方程式。」❸

因此，這個表面上挺嚇人的方程式之求解，只不過是倍角公式的應用，而這些對於精熟三角學的韋達，當然沒有什麼大不了。由此可見，他在三角學方面的研究，的確貢獻卓著。事實上，韋達對於三角學的研究，與他對地理學與宇宙誌 (cosmography) 的終生興趣息息相關，而這些當然又反映到十五世紀後期開始，歐洲國家疆界之劃定與長程航海探險之需求。於是，如何利用數學來繪製地圖與航海圖，就成為許多歐洲帝王必須面對的重大問題。

韋達似乎未曾被賦予地圖與航海圖的繪製任務，不過，他對三角學的研究，顯然與此有關。事實上，他出版於 1571 年的《三角形解法

---

❸轉引自毛爾，《毛起來說三角》，頁 77。

之數學準則》(*Canon mathematicus*)，就是他非常自豪的數學著作。其中，他首度有系統地處理平面與球面三角形的解法，而且六個三角函數（值）都使用到。此外，他還率先發展三個三角函數之「和化積」公式，以及給出正切定律。當然，正如同他利用三角函數來協助求解四十五次方程式，三角學也提供了一個重要的切入點，讓數學家可以利用代數技巧解決幾何問題[4]。

無論如何，有賴於韋達的新代數，1540–1660 年間的三角學成為一個主要的數學分支。或者更明確地說，幸虧有了韋達，三角學才開始呈現了現代解析特性。而這，則主要歸功於韋達發明的符號代數學，以及奠基於其上的解析幾何學。

四、符號法則

現在，讓我們轉向韋達的新代數——符號代數 (symbolic algebra)，這是他對十六世紀末期歐洲數學的巨大貢獻。韋達的符號法則 (symbolism) 涉及被稱之為「解析」(analysis) 的方法論，他的《解析技術引論》之書名用詞如 analytic art，就是最好的歷史見證。針對這種方法，古代希臘人帕普斯 (Pappus) 僅提出下列兩種解析形式：問題型與理論型，前者韋達改稱之為分析術 (zetetics)，而後者則稱之為驗析術 (poristics)[5]。此外，韋達還加入了第三種解析形式，並稱之為解析術（rhetics 或 exegetics）：

[4] 事實上，三角學 (trigonometry) 的語源本義就是三角形的測量。

[5] 史家卡茲注意到韋達的刻畫與帕普斯的說法稍有不同。

通過分析術（問題分析），可以得到所求量和已知量間的方程或比例。通過驗析術（定理分析），可以運用方程或比例檢驗所求定理的真實性。通過解析術（方程式變形以求解），可從構造的方程或比例中，得到所求量的本身。於是，吾人可以將這三種相互結合的分析法，稱為發現數學真理的科學❻。

在說明這種解析術時，韋達提出了他對符號法則的最重要貢獻，亦即他在表達方程式時，運用母音字母表示未知量，子音字母表示已知量，請參考他的現身說法：

為了讓這個工作能被某種技術所協助，吾人需要藉由一種固定的，恆久不變且非常清楚的符號，將給定的已知量從還沒有決定的未知量中區分出來，例如，以字母 *A* 或其他母音來表示未知量，而已知量則用字母 *B*、*G*、*D* 或其他子音來表示。

儘管他還無法擺脫齊次律 (law of homogeneity)，亦即從幾何觀點來看，方程式中的各項之維度都必須相同，比如說吧，針對我們前引的三次方程式 $3X^2A-A^3=X^2B$❼，其中 *A* 為未知量，*B* 與 *X* 為已知量，每一項都可代表體積，（因齊次而維度相等）可以相（加）減或相等。事實上，韋達將此式書寫如下：

X quadratum in A ter, minus A cubo, aequetur X quadrato in B

❻參考李文林主編，《數學珍寶》（臺北：九章出版社，2000），頁 238。

❼我們今天書寫這個方程式如下：$3a^2x-x^3=a^2b$，其中 x 為未知數。

其中 *cubo* 即 cube，表示三次方，*quadratum* 與 *quadrato* 即 quadrature，表示二次方，*minus* 即「減」，*in* 亦即「乘」，*aequetur* 表示相等。至於這個方程式的來源，則是由於韋達試圖三等分一個圓周角，它是由弦為 B、半徑為 X 的圓所決定。在韋達所建立的方程式中，A 這個未知量代表一條弦，它所對應的是給定圓周角的三分之一。

齊次律之限制最後被笛卡兒取消，於是，二次方程式如 $ax^2+bx+c=0$ 中的係數 a、b、c 再無任何數值限制，代數符號化的最後工程終於完成。儘管如此，使用字母表示數字常量（譬如，方程式中的文字係數）的決定性步驟，卻幫助韋達擺脫其前輩舉例的風格和修辭的法則。現在，他已經能夠處理一般的類型（或模式）而非具體的例子，能夠寫出公式而非法則 (rule)[8]。

譬如說吧，為了呈現從丟番圖（Diophantus of Alexandria，約 200–284）到韋達約 1350 年之間的進步，數學史家卡茲以丟番圖的命題：

將一給定的數，分成有給定差值的兩個數[9]。

[8] 譬如，阿爾・花拉子模的二次方程解法，就是一種類似食譜的法則，儘管他另外提供了幾何演示 (geometric demonstration)。針對以二次方程 $x^2+10x=39$ 求解之問題：「同物之平方與十根，等於三十九迪拉姆。意即，何數之平方，增其自身之十根後，其和為三十九?」，阿爾・花拉子模以文辭描述他的解法如下：「將根數半之，依題意得五。使其自乘之，積為二十五。加於三十九，和得六十四。取此數之根，所得恰為八。除根數之半，餘勝數為三。此即所求根，自乘方得九。」按：迪拉姆是一種貨幣單位。

[9] 引自丟番圖《數論》命題 I.1。

為例，說明其解法如何從丟番圖、約丹尼斯 (Jordanus de Nemore) 演化到韋達[10]。首先，丟番圖的「解法」如下：設給定數為 100，給定差值為 40，然後求得這兩數為 30 與 70。其次，約丹尼斯的證明如下：

這就是說，較小的部分與其差構成較大的部分。因此，較小的部分與其本身與其差構成全部。所以，從全部之中減去較小部分的兩倍。除以 2，較小的部分便被確定；當然，較大的部分也被確定。例如，把 10 分成兩部分，其差為 2。10 減去 2 剩 8，其半是 4，這就是較小的部分。另一部分便是 6。

這種文辭式 (rhetoric) 的風格，到了韋達手上，就完全訴諸符號法則了：

設差為 B，和為 D，且 A 是兩數中較小的數，則 $A+B$ 就是那個較大的數。兩數之和就是 $2A+B$，它等於 D。所以，$2A=D-B$，$A=(\frac{1}{2})D-(\frac{1}{2})B$。那麼，另一數 $E=(\frac{1}{2})D+(\frac{1}{2})B$。

在引進符號解決了此一問題之後，韋達又用文辭重述如下：「兩數和的一半減去差的一半，等於較小的數，較小的數加上差就是較大的數」。最後，他還以 $B=40$, $D=100$ 為例，來說明他的解法。顯然，他需要說服當時對於符號法則仍有疑慮的讀者吧。

無論如何，由於代數符號法則的（思維）視角，吾人得以將注意

[10] 約丹尼斯生平未詳，約與斐波那契同為十三世紀數學家。

力集中到方程式的「求解」程序上，而不是具體的「解本身」。此外，求解程序也適用於數字以外的其他量，比方說線段或角。還有，利用符號法則求解方程式時，可以使「解的結構」更加明顯，譬如，在所列公式中保持 $B+D$ 的形式，而不是用（譬如）8 來代替 $5+3$，就可以在求解的最後，對於解與初始常量之間的關係進行分析。正因為如此，韋達發現了方程式的根與構成該方程的表達式之間的關係（譬如，目前國中生所熟悉的根與係數關係），儘管他並不承認負根與複根，這也是他在方程式理論方面的貢獻之一。

韋達的方程式理論成果無疑與他的代數符號（解析）思維有關。不過，符號法則的演化，卻也同時見證初等代數學的很多基本理論與方法，諸如三次、四次方程的解法、根的個數、方程式的變形、因式定理、根與判別式的關係，以及未定係數法的相繼出籠，充分說明符號法則並非一種孤立的「形式」思維，而是十六、七世紀代數發展不可或缺的重要元素。

再從智力工具 (intellectual tool) 的視角來看，《溫柔數學史》素描 8 針對數學符號法則，有一段話涉及數學的現代性 (modernity)，發人深省，值得引述如下，作為本節的結尾：

> 好的數學符號並不只是有效的速記而已，理想的代數符號必須是一種普遍性的語言，能夠澄清想法，顯示模式，並且讓人聯想到一般化的形式。如果我們真的發明了一個相當好的符號，有時候它看起來像是會替我們思考一樣：只要操作這些符號而已，然後就可以得到結果。如同伊夫斯[11]曾說過的：「在數學上，一個形式操作者常常經驗到一種讓人不愉快的感覺，覺得他的筆勝過他的心智」。

五、結論

在歐洲近代數學（modern mathematics，以微積分為分水嶺）問世之前，韋達的代數符號法則之發明，是人類運用符號來進行思考的一大突破。誠如數學家馬祖爾 (Joseph Mazur) 在他的《啟蒙的符號》中，對韋達的高度評價：

他對於代數的偉大貢獻，並不是導入新的運算符號。韋達的著作中幾乎沒有新的運算符號，而是抽象地使用字母來表現涉及物件的更一般特性，以及那些字母可以和數目一樣，遵從代數推論和法則的偉大想法。

這種運用符號來進行「形式」或「抽象」的思考，的確對近代歐洲數學帶來了極深遠的影響。事實上，費馬與笛卡兒都是經由他的學生輩學習他的符號法則，並且據以各自獨立地發明了解析幾何學，從而為後來牛頓與萊布尼茲的微積分之發明，鋪下了康莊大道。

另一方面，從符號所引發的形式思考來看，馬祖爾也就韋達的貢獻，提出了相當動人的反思，值得引述如下：

何謂形式？方程式 $ax+by+c=0$ 幾乎都是字母。字母 a、b、c 代表

⑪伊夫斯 (Howard Eves, 1911–2004) 著述有鑾普及的《數學史概論》(*An Introduction to the History of Mathematics*)。

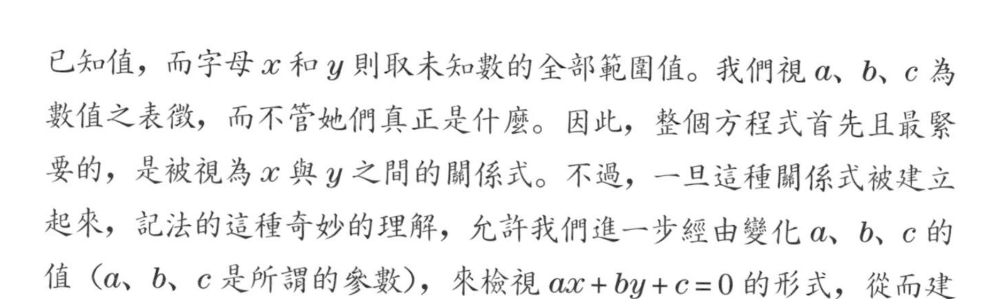

已知值，而字母 x 和 y 則取未知數的全部範圍值。我們視 a、b、c 為數值之表徵，而不管她們真正是什麼。因此，整個方程式首先且最緊要的，是被視為 x 與 y 之間的關係式。不過，一旦這種關係式被建立起來，記法的這種奇妙的理解，允許我們進一步經由變化 a、b、c 的值（a、b、c 是所謂的參數），來檢視 $ax+by+c=0$ 的形式，從而建立 x 與 y 之間的關係式之家族 (family)。一個方程式的形式因而成為研究的一個新物件，這種導致方程式的分類，在我們對於常數與變數這兩組數值缺乏符號區別時，是不可能想像得到的。

顯然，這種新物件 (entity) 的認知完全是符號（化）所促成。而這當然也成為我們檢視抽象化的學習之重要指標。比如說，在高中數學課程中，給定方程式 $ax+by+c=0$，固定 a 與 b，則這個方程式家族代表平面上斜率相同（亦即平行）的直線。此時，吾人認知的新物件可以是這個方程式本身，而非只是其中的若干點而已。

總之，從數學符號史 (history of mathematical notations) 的觀點來看[12]，韋達無法率然揚棄齊次律，常被數學史家批評為「為德不卒」。不過，他畢竟是數學走向現代性 (modernity) 的過渡性關鍵角色，如何依違在古代 (the ancient) vs. 近代 (the modern) 之間，或許也是那個時代（文藝復興後期／科學革命初期）的安身立命之道。事實上，如果我們還知道他也拒絕接受哥白尼的地動說，就不足為奇了。

無論如何，這一位法學專業出身的業餘數學家，一生活得精彩，彷彿彈指之間，成就了不朽的數學大業，真是令我們欽佩。

[12] 參考 Florian Cajori 的 *A History of Mathematical Notations*（網路上有免費版本）或馬祖爾的《啟蒙的符號》。

參考文獻

1 Calinger, Ronald (1999), *A Contextual History of Mathematics.* NJ: Prentice-Hall, Inc.

2 Grattan-Guinness, Ivor (1997), *The Fontana History of the Mathematical Sciences: The Rainbow of Mathematics.* London: FontanaPress.

3 O'Connor, J. J., E F Robertson (2017), "François Viète", retrieved on March 12, 2017 at http://www-history.mcs.st-andrews.ac.uk/Biographies/Viete.html

4 比爾・柏林霍夫 (William P. Berlinghoff)、佛南度・辜維亞 (Fernando Q. Gouvea)（洪萬生、英家銘暨 HPM 團隊合譯）(2008),《溫柔數學史：從古埃及到超級電腦》(*Math Through the Ages: A Gentle History for Teachers and Others*)，臺北：五南圖書出版社。

5 毛爾 (Eli Maor)（胡守仁譯）(1998),《毛起來說三角》，臺北：天下文化出版社。

6 艾米爾・亞歷山大 (Amir Alexander)（麥慧芬譯）(2014),《無限小：一個危險的數學理論如何形塑現代世界》(*Infinitesimal: How a Dangerous Mathematical Theory Shaped the Modern World*)，臺北：商周出版社。

7 李文林主編 (2000),《數學珍寶》，臺北：九章出版社。

8 洪萬生 (1999),〈誰發明了代數學?〉，收入洪萬生，《從李約瑟出發：數學史、科學史文集》，臺北：九章出版社，頁 47–55。

9 洪萬生 (2006)，〈數學史與代數學習〉，《此零非彼 0：數學、文化、歷史與教育文集》，臺北：臺灣商務印書館，頁 171–183。

10 洪萬生、蘇惠玉、蘇俊鴻、郭慶章 (2014)，《數說新語》，臺北：開學文化出版社。

11 約瑟夫・馬祖爾 (Joseph Mazur)（洪萬生、洪贊天、英家銘、黃俊瑋、黃美倫、鄭宜瑾合譯）(2015)，《啟蒙的符號》(*Enlightening Symbols: A Short History of Mathematical Notations and Its Hidden Powers*)，臺北：臉譜出版社。

12 蘇惠玉 (2014)，〈歸根究柢論代數〉，收入洪萬生、蘇惠玉、蘇俊鴻、郭慶章合著，《數說新語》，臺北：開學文化出版社，頁 101–110。

13 蘇惠玉 (2014)，〈數形合一：解析幾何的意義〉，收入洪萬生、蘇惠玉、蘇俊鴻、郭慶章合著，《數說新語》，臺北：開學文化出版社，頁 163–170。

圖片出處

圖 1：Wikimedia Commons

史帝文與數目的新概念

洪萬生

一、前言

在中學數學的教學現場，「1 是不是質數?」似乎是一個經常被提及的問題。這個問題在算術基本定理 (Fundamental Theorem of Arithmetic) 的脈絡中，誠然有它的意義，因為這涉及正整數因數分解的唯一性。不過，一個更簡單的答案，或許是：在古希臘的數學傳統中，1 根本不是數目 (number)，因此，它當然不是質數 (prime number)。這個答案看起來有一點「耍賴」，不過，它所涉及的歷史故事倒是蠻精彩的，值得我們在此述說分明。

事實上，這個問題也曾經在十六世紀的一場數學競賽中現身。1547 年，由於三次方程式解法的剽竊爭議，塔塔里亞（Niccolo Tartaglia，約 1499–1557）向卡丹諾 (Girolamo Cardano, 1501–1576) 提出數學挑戰，結果，卡丹諾派出徒弟費拉里 (Ludovico Ferrari, 1522–1565) 應戰。費拉里的問題就包括：么元 (unit) 是否為一個數目？塔塔里亞抱怨說：這個問題無關數學而是玄學。然後，他模稜兩可地斷言：

么元是一個「潛在的」數 (potential number)，而非「實際的」數 (actual number)。

然則在西方數學史上，1 何時才經由「論證」而被認定為一個數目呢？這個問題似乎是在 1585 年，由荷蘭數學家賽門．史帝文 (Simon Stevin, 1548–1620) 率先著手處理。在本文中，我們打算簡介史帝文的生平事蹟與數學貢獻，並進一步說明他的相關思考在十六世紀歐洲數學發展中的意義。不過，我們也必須稍加說明「始作俑者」的歐幾里得的定義。

圖 1：比利時發行的史帝文紀念郵票

二、歐幾里得有關數目的定義

歐幾里得的《幾何原本》這部古希臘數學經典共有 13 冊，其中第 VII–IX 冊主題為數論，因此，按照歐幾里得或古希臘學者論述演繹科學 (deductive science) 的慣例，一開始都是先下一些必要的定義。現在，既然是數論 (number theory) 主題，理當先對所謂的數目 (number) 下定義。

歐幾里得的有關數目的定義出現在《幾何原本》第 VII 冊，如下：

定義 VII.2：數目是由么元所組成的集體。
(A number is a multitude composed of units.)

這是本冊的第二個定義，那麼，第一個定義又是什麼呢？且看我們的下列引文：

定義 VII.1：么元是存在的每一種事物因它而被稱為一的那種東西。
(An unit is that by virtue of which each of the things that exist is called one.)[1]

根據這兩個定義，1 顯然不是數，第一個數目應該是 2 才是。緊接著，歐幾里得為「部分」(part/parts) 提供第三、四個定義：

定義 VII.3：一個數是另一個數的部分，較小數是較大數的部分，當較小數度量了較大數。(A number is a part of a number, the less of the greater, when it measures the greater.)
定義 VII.4：但當較小數並不度量較大數時，我們就按有幾個部分來討論。(but parts when it does not measure it.)

我們可取 2 與 6 為例，說明定義 VII.3 的意義，亦即 2 是 6 的部分。至於定義 VII.4 呢，我們則可取 4 與 6 為例，顯然 4 並非 6 的部分，

[1] 藍紀正、朱恩寬將這一定義中譯為：「一個單位是憑藉它每一個存在的事物都叫做一。」藍紀正、朱恩寬譯，《歐幾里得幾何原本》，頁 180。

因此，在說明「4 是 6 的部分」不足的情況下，我們或可改而指出：「6 的多少個部分 (parts) 為 4」。根據數學家 David Joyce 的看法，這是為比例式 $4:6=6:9$ 的定義所預備的工作❷。

有了「部分」(part / parts) 的定義，偶數、奇數的定義即可依序如下列：

定義 VII.6：偶數是可以分成兩個相等部分的數。(An even number is that which is divisible into two equal parts.)

定義 VII.7：奇數是不可分成兩個相等部分的數，或是與偶數差一的數。(An odd number is that which is not divisible into two equal parts, or that which differs by an unit from an even number.)

可見，在定義數目時，「部分」這個概念扮演了相當關鍵的角色。事實上，根據定義 VII.2，歐幾里得就證明了命題 VII.4：「較小的數不是較大的數的一部分，就是幾部分。」(Any number is either a part or parts of any number, the less of the greater.)

在下文中，我們將會看到，史帝文如何模仿此一進路，說明像 $\sqrt{8}$ 這樣的「不可公度量」也是一種數。

❷參考 David Joyce 為 *The Elements* 所布置的網頁：
http://www.math.clarku.edu/~djoyce。

三、史帝文生平事蹟簡介

史帝文 1548 年生於布魯日 (Bruges，今比利時境內，文藝復興時期屬荷蘭)，他的生父母沒有結婚，後來，母親嫁給信奉喀爾文教派的商人，繼父以買賣地毯與絲織品為生。因此，他成長的生活與宗教經驗，多少可以解釋他後來著書立說的關懷所在，以及他後來何以移居到荷蘭北方。他在數學史上，最有名的貢獻，是創造了十進位制小數的符號，並大力提倡與推廣。至於他的目的，顯然就是為了簡化計算，正如他在《十進位制》中開宗明義所說：「賽門・史帝文向占星家、統計員、量毯者、測量員、一般立體幾何學家、造幣局長及所有商人致意。」

史帝文的早年經歷與十六世紀歐洲商業發展與國際貿易息息相關。他先是在安特維普 (Antwerp) 一家公司擔任記帳員與收帳員。1571–1577 年間，他可能有機會到波蘭、普魯士與挪威等地遊歷。然後，在 1577 年，他在布魯日的一家稅務機關擔任職員。1581 年，他遷居荷蘭北部的萊頓 (Leiden)，先是進入當地的拉丁學校就讀，隨後再升上萊頓大學就學，當時他已經 35 歲了。

另一方面，可能在幼年深受喀爾文教派的洗禮，所以，史帝文才會在荷蘭北部七省企圖擺脫西班牙國王的控制而獨立時，遷居到萊頓 (Leiden)。他在萊頓大學認識了拿索伯爵 (Count of Nassau) 毛里茨 (Maurits)——荷蘭共和國 (Dutch Republic) 統治者奧蘭治威廉王子 (William, Prince of Orange) 的次子。史帝文與毛里茨結交成為好友。

不幸，奧蘭治威廉在 1584 年被西班牙國王所派的刺客暗殺，於是，毛里茨遂接下領導棒子，繼續反抗西班牙。這使得史帝文得以登龍，為毛里茨所重用。

正是由於此一機緣，史帝文受聘為毛里茨將軍的工程師、數學與彈道學教官，以及經濟與航海顧問。後來，他還在萊頓大學創立工程學院，運用荷語而非拉丁文教學，他還運用荷語書寫了許多教材。1585 年，他出版《十進算術》(*La Theinde/The Tenth*) 與《算術》(*L'arithmétique*)，對於十六、七世紀歐洲算術的發展，帶來非常深遠的影響。我們將在下文說明之。

四、《十進算術》

史帝文書寫本書的目的如下：

簡而言之，本書要講授不使用普通分數如何簡便地完成各種帳務結算，數字計算和貨幣兌換；如果這種新記數系統中的所有運算與整數的相關法則相通，便能發揮這種作用。

他將今日的 0.3759 記成 3①7②5③9④，而 8.937 則記做 8◎9①3②7③。這本只有 29 頁的小冊子，是為下列讀者所撰寫：「觀星者、測量師、地毯製造商、葡萄酒測量員、薄荷師傅以及各類商人。」事實上，本書末有六個附錄，就人致針對前述這些工匠和商人的各類度量單位，舉例說明其十進位小數的計算方法。

事實上，這種為商人與工匠而製作實用算術手冊的作風，早在1582 年即已略見端倪。當年，他出版了第一本著作《利息表》(*Tafelen van Interest/Tables of Interest*)。在這之前，歐洲銀行家平常使用的利息表都是手抄本形式，而且視同祕密而不洩漏給顧客知道。在提供這些數值表之前，史帝文也給出單利與複利的計算法則，並舉例說明之。

至於這本小冊子之書寫，史帝文採用了類似歐幾里得的著述體例，亦即先給出定義（必要時附上解釋），譬如定義一如下：

十進數是一種利用十進位的概念以及一般的阿拉伯數字的算術。任何數都可以由它寫出，由此商務中所遇到的所有計算，只用整數就能完成，而無須藉助分數。

接著，在有關加減乘除的運算部分，史帝文則提供「定理－解法－證明－結論」的格式，必要時，在結論之後，再附上「註釋」。這個風格或許足以反映他熟悉《幾何原本》等經典的數學素養。事實上，他在1583 年所撰著的《幾何問題》(*Problemata geometrica*)，就是最好的見證，因為他主要根據歐幾里得與阿基米德（Archimedes，西元前 287–前 212）的著作，來呈現該書的幾何知識。

五、《算術》與數目概念之延拓

在本書中，史帝文針對二次方程式的求解，以及其他所有高次方程式的近似解之方法，提出了一個統合處理。不過，本書最值得注意的，卻是他的主張：算術是有關數目 (number) 的科學，因而，數目是可用以解釋一切事物的量。此外，他甚至宣稱歐幾里得所謂的構成數目的么元 (unit) 也是數目。針對這一點，史帝文推論說：由於部分屬於全體，而么元是若干么元 (units) 的一部分，故其本身也是數。因此，吾人可以對么元進行計算，就像對其他數一樣，從而，當然也可以將么元分成任意多的部分。如此一來，任意量——當然包括么元——都可以被「連續地」劃分。而這正是十進位制小數的思想基礎。

事實上，他定義數目為「每一事物的量」(quantity of each thing)，並且論證說：被視為幾何點 (geometric point) 的零 (zero) 可生成數目，因此，數目包含了幾何連續統 (geometric continuum) 的概念。儘管這種觀點應用到可公度的量 (the commensurables) 和不可公度的量 (the incommensurables) 的對比時，還是可以看到他的掙扎與保留，因為他認為後者是「荒謬……或不可表達的」，然而，他還是像托勒密或阿拉伯代數學家一樣，將這些「荒謬的」數廣泛地使用在計算上。這種計算上的「自信」，或許也來自於他認為：因為任何正數都是平方數，故其平方根也是數：

部分屬於全體，8 的根是其平方 8 的部分，故 $\sqrt{8}$ 是屬於 8 的同類物。而 8 是數，故 $\sqrt{8}$ 也是數。

然後，他再利用十進位小數系統，將 $\sqrt{8}$ 表徵到任意精密的程度。

史帝文認為所有的數目，不管是離散 (discrete)、連續 (continuous) 或幾何式的 (geometric)，都具有相同的特性，可惜，他並不接受新近出現的虛數 (imaginary number) 為數目，從而連帶地影響了他在求解三、四次方程式的研究。無論如何，他將數目的概念從離散的正整數，擴充到幾何線段（一種連續統 continuum）的長度，卻是非常具有前瞻性的發展策略，為數目脫離幾何而自主發展，鋪好了康莊大道。

六、結論

史帝文共有十一本著作，領域遍及三角學、力學、建築學、音樂理論、地理學、碉堡防禦工事以及航海學等方面，都有重要的貢獻。不過，從數學史觀點來看，他的貢獻顯然在於算術的發展，譬如他對新的數目概念及其運算法則之論述與倡導。而這些，當然都呼應了十六世紀西歐商業文化之發展。

總之，有關數學與商業之密切互動關係，史帝文為我們作了最忠實的見證，更難得地，他基於實際（計算）需要而將數目概念擴充，並顯然將這些帶入學院教學（記得他曾在萊頓大學中創立工程學院），提升了算術與代數的學術位階。最終嘉惠了十六、七世紀的算術與代數之發展。到那時候，解析幾何和微積分已經指日可待了。

參考文獻

1 Calinger, Ronald (1999), *A Contextual History of Mathematics.* NJ: Prentice-Hall, Inc.

2 Heath, Thomas L. (1956), *Euclid: Thirteen Books of the Elements.* New York: Dover Publications, Inc.

3 O'Connor, J. J. and E. F. Robertson (2013), "Simon Stevin", http://www-history.mcs.st-andrews.ac.uk/Biographies/Stevin.html

4 齊斯・德福林（洪萬生譯）(2011),《數字人：斐波那契的兔子》(*The Man of Numbers: Fibonacci's Arithmetic Revolution*)，臺北：五南圖書出版社。

5 藍紀正、朱恩寬譯 (2002),《歐幾里得幾何原本》，臺北：九章出版社。

圖片出處

圖 1：Images of Mathematicians on Postage Stamps
(This page is maintained by Jeff Miller)

現代性之外，你所不知道的伽利略

洪萬生

一、前言

《追蹤哥白尼》(*The Book Nobody Read: Chasing the Revolutions of Nicolaus Copernicus*) 真的是一本慧心獨具的科普好書，作者金格瑞契 (Owen Gingerich) 在本書所展現的「學術、嗜好和生活三位一體的圓通境界」(引石云里教授語)，真是令人嚮往[1]！不過，本書主軸雖然是哥白尼《運行論》(*De Revolutionibus/On the Revolutions of the Heavenly Spheres*) 第一、二版的藏書之追蹤故事，但是，作者也非常巧妙地「滲透」了一些科學史家的研究成果如「隱形學院」(第十一章) 和「行星對命運和性格的影響力」(第十二章)，對於我們了解十六、七世紀西方科學的社會文化脈絡意義，有著相當大的幫助。

[1] 金格瑞契為牛津大學出版社主編了一套青少年科學家傳記，非常值得參考。中譯版由世潮出版公司陸續出版中。其中之伽利略傳記之書評，也可參考洪萬生 (2009)。

事實上，金格瑞契特別在本書中提及他「對於伽利略的新發現」，也就是伽利略 (Galileo Galilei, 1564–1642) 與占星術的關係。在十六、十七世紀，占星術（或占星學）作為一門顯學，早已經是科學史或西洋史研究的老生常談，然而，在那些科學革命的英雄人物中，除了刻卜勒與牛頓對占星術 (astrology) 的著迷俱載史冊之外，其他人物如哥白尼或伽利略的相關看法如何，則大都隱而未宣。因此，金格瑞契所提供的有關伽利略或哥白尼的占星關懷，真是大大地令人意外，因為伽利略就曾被推崇為締造近代世界 (modern world) 百傑中的第一人。譬如，曾任清華大學校長的徐暇生院士，就曾為伽利略《星際信使》中譯本（徐光台教授執筆）寫序時指出：相對於刻卜勒與牛頓而言，「伽利略是更現代的思想家」，顯然這是因為「刻卜勒或牛頓常為原始神祕的再現分心，而偏離我們今日認為的最有效的科學實踐，伽利略則不然。」

二、科學史家不相往來

一般歷史學者總是認為既然伽利略或哥白尼是科學革命的英雄人物，那麼，他們的「現代性」(modernity) 應該無庸置疑才是。然而，有關哥白尼與占星術的關係，還是曾經在科學史社群引起軒然大波！根據金格瑞契的報導，1973 年在波蘭托倫市舉行哥白尼五百歲冥誕紀念活動時，主辦單位安排兩位知名的科學史家羅森 (Edward Rosen, 1906–1985) 與哈特納 (Willy Hartner, 1905–1981) 共乘一輛禮車，從華沙一起過來，結果兩人下車之後，再也不相往來。當時，紐約市立大學教授羅森是舉世聞名的哥白尼權威[2]，至於哈特納則是歐洲頂尖的

嚴密科學史家 (historian of exact sciences)。因此，他們兩人的「立即」交惡，才會備受矚目。請參考金格瑞契對這一段插曲的簡要敘述：

哈特納大膽表示，哥白尼和（他的學生）瑞提克斯可能討論過占星學，因為在《初論》（後者的作品，原名 *Narratio prima*）裡有一節，瑞提克斯起的標題是〈地上國度隨天界運動而變〉，還加了一句：「這個小圓正是命運之輪。」瑞提克斯會這樣寫，事前當然徵詢過老師的意見，但是對羅森來說，想像兩人有這樣的對話根本就是褻瀆。哥白尼在他眼裡是現代科學家的表率，完全不受「行星影響命運與性格」這類見解的污染。

然而，羅森畢竟錯了，因為金格瑞契在義大利佛羅倫斯，意外地發現一張伽利略為麥迪西家族科西莫大公所畫的未完成星盤。這張星盤附在他於 1610 年 1 月 19 日觀察月球所繪製的水彩圖的右下方。不過，它在二十世紀初義大利出版的伽利略著作書信集的國家版中，卻被「善意地」刪除了。金格瑞契評論說：

去掉星盤的動機不難理解，伽利略竟然會畫星盤，顯然只會動搖他「歷史上第一位真正的現代科學家」的英雄地位。

❷筆者進入紐約市立大學就學科學史的那一年 (1985)，羅森教授恰好謝世，不過，筆者倒是未曾從師友聽過這一段插曲，儘管我們曾讀過他有關哥白尼研究的論述。

後來，金格瑞契又從佛羅倫斯科學史博物館，找到一份伽利略手繪星盤的彩色幻燈片，根據行星位置推算，其中有一個星盤日期應該是1590年5月2日，而這正好是科西莫大公的生日。顯然，伽利略繪製這張星盤，就是為了送給未來的贊助人。其實，伽利略在《星際信使》(*Sidereus Nuncius*)中的獻辭中也提及木星在星盤裡的位置，並極盡奉承地歌頌：

我說，在殿下誕生時，木星已經穿過地平線的霧氣，位居中天，並從他所在的皇宮照亮了命宮圖的東角，正從那崇高的皇座上俯覽殿下最幸運的誕生，並將他的光彩與富麗傾注在最純淨的空氣中，使得已為上帝賜予高貴靈魂的柔小身軀，在初次呼吸時，就吸取了絕對的權力與權威。

金格瑞契還提及：伽利略不像刻卜勒對於占星術的始終如一，此後即未再提及占星術。不過，我們應該可以相信，後來成為麥迪西家族廷臣(courtier)的伽利略的職責之一[3]，絕對是為大公家人排星盤(或命宮圖)。

---

❸伽利略的正式職稱為「宮廷數學家(court mathematician)兼自然哲學家(natural philosopher)」。

三、占星術之為用大矣

伽利略和哥白尼精通占星術，絕對是科學史上不爭的事實。這是因為從中世紀開始，歐洲大學就開授所謂的七藝學科 (seven liberal arts)，其中包括了古雅典四學科——幾何、數論 (arithmetic)[4]、天文和音樂[5]，以及古羅馬三學科——邏輯、文法和修辭學。在這七藝連同其他包括自然哲學在內的訓練結束之後，亦即差不多完成了通識（或博雅）教育之後，學生再分別進入神學院、法學院和後來才加入的醫學院，接受進一步的專業訓練，以便分別擔任神學、法學和醫學的工作。因此，當時歐洲大學「天文學課程的目的，就在於讓接受高等教育的學生懂得運用行星星表，用以計算行星的位置，為自己的贊助人排星盤。」哥白尼最早就讀的克拉考 (Cracow) 大學有兩名天文學教授，分別在人文學院與醫學院。後來，他先遊學到波隆納 (Bologna) 大學研讀法律，曾經寄宿在一位天文學教授家裡，後來，他再轉到帕度亞 (Padua) 大學遊學，研讀醫學，必修占星術當然不在話下。

---

❹按現在的意義，arithmetic 是指小學算術。不過，從古希臘到近代歐洲，這一個文字主要都指涉數論 (number theory) 這一門學科。然而，由於十五、六世紀商人階級的興起，為了吸引他們的子弟就學，實用算術 (practical arithmetic) 逐漸納入大學課程內容，而這正是現代小學算術的前身。

❺1541 年，哥白尼的學生瑞提克斯 (Georg Joachim Rheticus, 1514–1574) 與霍因霍德 (Erasmus Reinhold, 1511–1553) 擔任威登堡大學文科教授（共有四位），擔任四學科教學工作，由於霍因霍德是資深的「高等數學」教授，所以，負責教授天文學課程，至於瑞提克斯則負責算術、三角和幾何。

何以醫學院學生必修占星術？這是因為它可以「教導準醫生利用星辰來做診斷」。或許哥白尼的同時代數學家卡丹諾的見證更加有趣。卡丹諾在 1545 年——即《運行論》初版 (1543) 後的第二年——出版代數經典《大術》(*Ars Magna/The Great Art*)，提出三、四次方程的解法，是數學史上的不朽貢獻。不過，他是（義大利）醫學院出身，先是就學帕維亞 (Pavia) 大學，再轉學帕度亞 (Padua) 大學。卡丹諾一生行止頗富爭議[6]，他行醫期間沉迷賭桌，經常入不敷出，因此，他常為人排星盤以貼補家用。當時黑死病橫行，商人必須從疫區到非疫區做生意，於是，他們的星盤就發揮了現代的預防證明功能。另一方面，醫生在進行手術之前，通常求病人提供生辰資料，以便利用星盤來安排手術時間，一旦失敗 (比例高得嚇人)，則星盤可以作為醫生「卸責」的藉口之一，譬如在手術失敗後，辯說病人提供的資料有誤，連帶使得星盤誤導了手術時間和契機。

現在，回到哥白尼這一邊，讓我再看看金格瑞契所挖掘到的「哥白尼星盤」。根據他的研究，哥白尼出生於 1473 年 2 月 19 日下午 4 點 48 分。顯然，這並非鐘錶時間記錄，而是逆推的結果。「先根據月相回推九個月，再按時間往前推，理論上就可以掌握母親的受孕時間和其他訊息。」不過，在哥白尼身上，我們都無法找到他有興趣占星。我們可以確認他的學生瑞提克斯 (Georg Joachim Rheticus, 1514–1574) 對占星充滿熱情，因此，師生之間討論占星術再自然不過，何況占星學家（或占星術士）乃是《運行論》的顧客大宗。另一方面，金格瑞契也從刻卜勒的遺稿中，找到兩張他為自己所排的星盤，一張用的是出生時間，另一張用的是他母親受孕的時間。

---

[6] 譬如他曾經為耶穌排星盤，而被捕下獄一個月。

四、歐幾里得典範

除了占星術之外，伽利略對歐幾里得《幾何原本》的著迷，也一樣值得我們注意。事實上，他曾經明確地指出數學在自然哲學研究中所必須發揮的作用：

自然哲學是寫在自來就擺在眼前的那一本大書上—我的意思是宇宙—假使我們不事先學會書中所寫的語言，並理解它所使用的符號，是無法理解的；其符號無非是一些三角形、圓形和其他幾何圖形而已。沒有這些符號的協助，我們恐怕連書中的一個單字都無法了解；對任何一個記號掉以輕心，也將會使我們如同在黑暗的迷宮中，空走一趟。

如果缺乏佐證，那麼，上述說法難免空泛。不過，只要我們翻開他的《關於兩門新科學的對話》(*Dialogues Concerning Two New Sciences*, 1638)（共有四天對話錄，分成四冊），那麼，他處處以《幾何原本》為依歸，就躍然紙上了。

有鑒於當時伽利略被宗教裁判軟禁的身分，《關於兩門新科學的對話》從義大利偷渡到荷蘭出版，當時的書銜為 "*Discorsi e Dimostrazioni Matematiche, intorno a due nuove scienze*"，可見他企圖凸顯數學論證 (Discorsi e Dimostrazioni Matematiche) 的意義。事實上，在本書第一天對話開頭沒多久，三位對話者之一薩耳維亞蒂 (Salvalti) 就指出：伽利略曾經對「抵抗力」這一課題深入研究，「而且按照他的習慣，他已經用幾何學的方法演證了每一件事，因此，人們可以相當公正地把這種研究稱為一門新科學。」在此，他總是運用幾何和比例概念，進行有關力學的論證。這顯然是一種新的方法論，所以，本書書銜中的「新科學」，也就顯得順理成章了。伽利略所謂的新科學，是指本書第一、二天對話錄主題「材料強度」和第三、四天主題「運動學」。有關後者，前述的新方法表現得更為徹底，這是因為它們就是仿歐幾里得《幾何原本》(*The Elements*) 體例而寫的。

《幾何原本》共有十三冊，第一冊開宗明義就是 23 個定義 (definition)，緊接著是 5 個設準 (postulate)、5 個公理 (common notion)，然後，開始證明 48 個命題 (proposition)（含作圖題與證明題）[7]。歐幾里得如此安排的主要考量，顯然是想要藉以建立幾何知識的嚴密邏輯關聯。譬如說吧，本冊命題 47 即是鼎鼎大名的畢氏定理，其中歐幾里得就運用了（依出現順序）：命題 46，命題 31，設準 1，定義 22，命題 14，（再一次）定義 22，設準 4，公理 2，（再一次）定義 22，命題 4，命題 41，（再一次）公理 2。如果我們將前引命題所依賴之定義、設準、公理以及命題（不計重複次數）彙整，那麼，為了嚴密地證明畢氏定理，我們必須依賴《幾何原本》第一冊中的：

定義 10, 11, 15, 16, 20, 22, 23；
設準 1, 2, 3, 4, 5；
公理 1, 2, 3, 4, 5；
命題 1, 3, 4, 5, 7, 8, 9, 10, 11, 13, 14, 15, 16, 18, 19, 20, 22, 23, 26, 27, 29, 31, 34, 46。

[7] 可參考 David Joyce 的網頁 www.math.clarku.edu/~djoyce

由此可見，歐幾里得利用極為龐大的細部知識，與嚴密的邏輯組織，而建立了幾何學的宏偉大廈。

話說回來，伽利略的運動學理論當然沒有這麼「嚴密」，不過，其體例則並無二致！試看《關於兩門新科學的對話》第三天討論的第一部分有關「均勻運動」（按即等速運動）這一節內容，玆引述其定義、公理和定理（命題）如下：

定義：所謂穩定運動或均勻運動是指那樣一種運動，粒子在運動中在任何相等的時段中通過的距離都彼此相等。

公理 1：在同一均勻運動的事例中，在一個較長的時段中通過的距離大於在一個較短的時段中通過的距離。

公理 2：在同一均勻運動的事例中，通過一段較大距離所需要的時間長於通過一段較小距離所需要的時間。

公理 3：在同一時段中，以較大速率通過的距離大於以較小速率通過的距離。

公理 4：在同一時段中，通過一段較長的距離所需要的速率大於通過一段較短距離所需要的速率。

定理 1 命題 1：如果一個以恆定速率而均勻運動的粒子通過兩段距離，則所需時段之比等於該二距離之比。

定理 2 命題 2：如果一個運動粒子在相等的時段內通過兩個距離，則這兩個距離之比等於速率之比。而且反言之，如果距離之比等於速率之比，則二時段相等。

等六個定理或命題。至於有關〈自然加速的運動〉這一節中，伽利略則確立了均勻加速（或等加速）運動的定義：

一個運動被稱為等加速運動或均勻加速運動，如果從靜止開始，它的動量在相等的時間內得到相等的增量。

另外，再提出單一的假設：

同一物體沿不同傾角的斜面滑下，當斜面的高度相等時，物體得到的速率也相等。

然後，再證明 38 個命題。其中第 1、2 則如下所引：

定理 1 命題 1：一個從靜止開始做均勻加速運動的物體通過任一空間的時間，等於同一物體以一個均勻速率通過該空間所需要的時間；該均勻速率等於最大速率和加速開始時速率的平均值。

定理 2 命題 2：一個從靜止開始以均勻加速度而運動的物體所通過的空間，彼此之比等於所用時段的平方之比。

在被要求說明原理和實驗的關係時，伽利略強調此一要求非常合理：

因為在那些把數學證明應用於自然現象的科學中，這正是一種習慣——而且是一種恰當的習慣；正如在透視法、數學、力學、音樂及其他領域的事例中看到的那樣，原理一旦被適當選擇的實驗所確定，就變成整個上層結構的基礎。

不過，他從這些原理出發，而建構運動學的理論結構，顯然出自《幾何原本》的啟發才是。其實，偉大的科學家如牛頓之《原理》(*Principia*) 或哲學家斯賓諾莎（或史賓諾莎）(Baruch de Spinoza, 1632–1677) 之《倫理學》(*The Ethics*) 也是如此，然而，那是另一個故事了。

伽利略的著述也見證了柏拉圖和阿基米德的影響。柏拉圖的著作在十五、六世紀在西歐重現人間，對當時的知識人帶來深遠的影響。另一方面，阿基米德的《論平面之平行》的拉丁文版，也在哥白尼出版《運行論》的那一年 (1543) 問世，至於阿基米德的其他重要著作，也相繼在義大利出現，因此，伽利略當然熟悉阿基米德如何利用數學來研究物理（主要是流體靜力學）。總之，在有關大自然的研究上，數學之為用大矣！或許我們也可以徵之於差不多同時代的達文西 (Leonardo da Vinci, 1452–1519) 之畫論。

達文西的繪畫目的，總是「翻譯」大自然結構的最微妙設計，所以，他的幾何作圖研究，都企圖發現大自然的數學結構。因此，達文西正如文藝復興時期的很多藝術家一樣，都是柏拉圖主義者，他們相信「實在」(reality) 的真善美，是等待藝術家、數學家與科學家去共同發現的。他主張繪畫是一種科學，而且由於繪畫揭示了自然界的真實性，從而它更優越於詩歌、音樂和建築。基於此，他信賴數學的「確定性」(certainty) 在自然哲學乃至於工藝技術研究中，所可以發揮的指導作用：

一個人如懷疑數學的極端可靠性，就會陷入混亂，他永遠不能平息詭辯科學中只會導致不斷空談的爭辯……因為人們的探討不能稱為是科學的，除非通過數學上的說明和論證。

因此，伽利略所以仿照《幾何原本》的進路和體例，來著述他的《關於兩門新科學的對話》，其主要考量，絕對是相信如此一來，這部經典作品所呈現的物理知識可以獲得確定性才是。

五、結論

在評論伽利略的幾何學與占星術的並行不悖之前，請先看中國唐初李淳風 (602–670) 的例子！

為了編纂唐初國子監太學明算科的教科書，李淳風注釋漢唐之間的十部算書，除了「標準化」中國算書知識之外，也保存了珍貴的數學文獻。從現代中國數學史學來看，他的貢獻大概無人可出其右。然而，無論是《舊唐書》或《新唐書》也好，《唐會要》也好，對於他注釋算經一事，幾乎隻字不提，反倒是津津樂道他的占候吉凶能力。李淳風在唐太宗時代擔任太史令，深得皇帝的信賴。有一次，太宗獲得一支密籤，上面提示說：「唐中弱，有女武代王。」李淳風解釋說：「其兆既成，已在宮中。又四十年而王，王而夷唐子孫且盡。」太宗聽了，本想殺這位姓武的宮女，李淳風規勸他說：「天之所命，不可去也，而王者果不死，徒使疑似之戮淫及無辜。且陛下所親愛，四十年而老，老則仁，雖受終異姓，而不能絕唐。若殺之，復生壯者，多殺而逞，則陛下子孫無遺傳矣！」這一段話載諸《新唐書》，可見它是唐朝歷史上一次非常重要的占卜事件。相形之下，李淳風的數學成就，當然微不足道了。

對古代史家而言，占卜與算學研究都是「理性的」或「合法的」智力活動——事實上，占卜之學習乃是明算科內容的一部分。對於朝廷天文官而言，前者之重要性的確遠遠大於後者，因此，撰寫《新唐書》的史家之抉擇，我們當然可以理解。

現在，對照李淳風，伽利略的宮廷數學家身分差可比擬。顯然，身為廷臣的伽利略主要職責之一，正如前述，是為科西莫大公家人排星盤。此外，他的自然哲學家 (natural philosopher) 身分當然也有應有的角色發揮（譬如贊助的「功利」考量），只是，在此無法討論。總之，當時學者的數學和占星素養，既然是十六世紀歐洲大學所必修，同時，又是自然哲學研究和廷臣職業之所必備，因此，數學和占星當然都是理性的智力活動，在哥白尼乃至伽利略身上並行不悖，也就不在話下了。

從伽利略的具體占星紀錄來看，我們所看到的伽利略，絕對不是一位所謂「現代性」不足的科學家，而是一位極其巧妙地利用占星術以及他自己改良的望遠鏡，而謀得一個當時數學家夢寐以求的職位——宮廷數學家，從而利用此一職位之優勢（譬如著作極方便利用外交管道流傳），以及他的幾何學之精湛素養，而在最終儘管已遭軟禁，仍然得以完成近代科學史上的經典作品——《關於兩門新科學的對話》。在科學史上，占星和數學曾經同時並存為合法的 (legitimate) 知識活動，伽利略只是其中一個案例。但是，由於他一向被現代史家視為近代科學 (modern science) 的典範人物，因此，他的占星記錄才會顯得極端不可思議。於是，義大利國家版的伽利略全集「羞於」納入他所排的星盤，也就非常可以理解。

科學史家或科學家的「現代」侷限，也見證了現代科學知識活動的非歷史 (a-historical) 傾向。至於破解之道，或許就從你所不知道的伽利略開始切入吧!

參考文獻

1 牛頓（王克迪譯）(2005)，《自然哲學之數學原理》，臺北：大塊文化出版公司。

2 比爾・柏林霍夫、佛南度・辜維亞（洪萬生、英家銘暨 HPM 團隊合譯）(2008)，《溫柔數學史：從古埃及到超級電腦》(*Math Through the Ages: A Gentle History for Teachers and Others*)，臺北：五南圖書出版社。

3 洪萬生 (2009)，〈如何閱讀伽利略〉，臺灣數學博物館科普特區『深度書評』。

4 布倫・阿特列（牛小婧譯）(2007)，《數學與蒙娜麗莎》(*Math and the Mona Lisa: The Art and Science of Leonardo da Vinci*)，臺北：時報文化出版社。

5 金格瑞契（賴盈滿譯）(2007)，《追蹤哥白尼》，台北：遠流出版社。

6 伽利略（徐光台譯、導讀）(2004)，《星際信使》，台北：天下文化出版社。

7 伽利略（戈革譯）(2005)，《關於兩門新科學的對話》，台北：大塊文化出版社。

理性與神祕共存的笛卡兒

蘇惠玉

一、笛卡兒印象

2014 年 6 月，法國的高中應屆畢業生在習以為常的鐵路員工罷工中，趕赴考場參加當年的畢業會考[1]，其中理工組的哲學考題之一如下：

評論笛卡兒的《引導心靈的原則》(explication de texte: René Descartes-*Règles pour la direction de l'esprit*, 1628)。

[1] 法國高中文憑稱為 *baccalauréat*，幾乎所有的高中生在高中最後一年都要參加會考，以獲得高中文憑。理論上，學生可以選擇不參加此會考，不過，此會考為公定的大學入學標準。在會考科目中一定要通過，才能獲得高中文憑的科目稱為 bac，例如，*le bac de philo* 哲學考科，不管什麼領域組別，所有學生一律要考。

從這個「事件」我們可以看出幾件事：

1. 法國教育很重視哲學訓練；

2. 笛卡兒哲學很重要；

3. 笛卡兒哲學是理工類組學生的基本訓練。

笛卡兒（René Descartes, 1596–1650，圖 1）被譽為現代哲學之父，是「理性主義」的開山始祖，又身為法國人，他的著作分析出現在理工組的哲學試題中，是可以理解的。透過著作分析與評論，我們可以了解這個作者的理論主張與其影響。然而，呈現在大眾面前的書面文字足以代表作者（思想）的一切嗎？笛卡兒一般被視為理性主義的象徵人物，真正隱藏在《引導心靈的原則》之後的笛卡兒，真是如此的理性嗎？

圖 1：笛卡兒的肖像畫，現存於法國羅浮宮

一般理科專長的人所熟悉的笛卡兒印象，來自坐標系統的發明。生為同一時代的法國人，笛卡兒與費馬在各自不同的考量下，幾乎同時卻各自發明的解析幾何方法，大大改變了數學與科學研究的面貌與方向。利用兩條相交直線與單位長定義出來的坐標系統，還可應用於任何需要定位與圖表分析的主題，例如 GPS 衛星定位、螢幕像素、地圖與統計分析中的圖表。學過數學的人幾乎都知道笛卡兒發明坐標系統，然而，大部分人可能不知道笛卡兒的坐標系統出自他的哲學大作：《方法論》(*Discourse on the Method of Rightly Conducting One's Reason and Seeking Truth in the Sciences*) 中的附錄《幾何學》(*La géométrie*)。作為笛卡兒「正確指導理性」方法的一個示範，正是這本薄薄的附錄，揭露了這一項劃時代的偉大發明。

在十七世紀的科學革命浪潮中，笛卡兒是站在風頭浪尖上的人物之一，他在《方法論》中所提出的科學方法，取自於數學。他將從數學中抽象出來的方法，經過一般化的推廣之後，成為現實世界的科學研究與理智推理思考活動的指導原則，最後再用之於數學，在他自己的《幾何學》中，示範演繹如何運用他的方法解決問題。雖然他所創造的坐標幾何系統無法如他所想的解決所有問題，但是，它所應用的範圍卻也超出笛卡兒的預料之外。Tom Sorell 在《笛卡兒極短篇》(*Descartes : A Very Short Introduction*) 中，以笛卡兒對比另兩位科學革命的中堅人物——法蘭西斯・培根 (Francis Bacon, 1561–1626) 與伽利略：

……培根確實有討論一些更客觀性的自然概念，但是，他並沒有辨識出其中的數學本質；而伽利略確實有做到這樣的辨識，但是，他並沒有發展一套真正的理論，來解釋為何這樣的數學進路，能完美地契合物理世界。笛卡兒的這套形上學 (metaphysics) 補足了缺失的理論部分，它闡述了由上帝所構造的人類心靈，能夠欣賞那些數學地設想 (conceiving) 出來的事物之完美的確定性，它指出上帝有能力能創造出任何我們所能設想出的確定性，並且當設想出事物數學本質的確定性之後，上帝有足夠的慈善會讓人類的心靈避免錯誤❷。

簡單地說，因為完美的上帝不會欺騙我們，所以，人們用邏輯方法推論出來的數學真理必定為真，是對物質世界的正確判斷，因此，上帝必定是按照數學定律建立自然界的，從而研究科學的最佳方法，必定要透過數學才能達成。

在《幾何學》中，處處可以看到數學家先賢們的存在痕跡，特別是古希臘幾何帶來的影響與啟示，譬如繼承自阿波羅尼斯（Apollonius of Perga，約西元前 262–前 190）與帕普斯（Pappus of Alexandria，約 290–350）的幾何解法傳統與古希臘人對尺規作圖的興趣等等。然而，笛卡兒對古希臘幾何的研究與獲得的啟示，並不是只有公開示人的這些部分而已。任何人要是對尺規作圖有興趣且還下過工夫研究，勢必得了解所謂的倍立方問題 (Delian Problem)，即如何作出一個已知正立方體體積 2 倍大的新正立方體問題，並進一步進行對立體圖形的研究。笛卡兒對立體圖形的研究，幾乎已經到了讓他發現多面體的重要公式——歐拉多面體公式 ($F+V-E=2$) 的地步。

然而，為何數學史沒有留下任何蛛絲馬跡？這個重要公式沒有記上一點點他的功勞？阿米爾・艾克塞爾 (Amir D. Aczel) 在《笛卡兒的祕密手記》(*Descartes' Secret Notebook*) 裡，曾就這個問題，抽絲剝繭、引人入勝地揭露出隱藏在祕密手記中，笛卡兒不為人知的一面，以及不願讓重要研究成果曝光的層層考量。每個人在面對世界時都會

❷出自 Tom Sorell (2000). *Descartes: A Very Short Introduction*, Oxford University Press, 頁 4。

有兩個面貌，關鍵在於你面對哪個世界選擇顯示了哪個面貌，讓哪一個面貌戴起了面具。不過，就像笛卡兒說的，人們從不完美中認識完美。現在，就讓我們也從笛卡兒理性的一面了解起，再慢慢地揭去他這一面充滿神祕色彩的面具。

二、引導理智的規則

笛卡兒生於1596年的法國北部，家境相當富裕。誕生不久，母親即因肺炎去世，笛卡兒亦生命垂危，經過悉心照顧之後方起死回生，也因此他小時候至青少年時身體健康一直不佳。11歲時，父親才送他至一所著名的教會學校就學，校長甚至允許他每天睡到自然醒，睡飽了再出現在教室中學習即可。從此，笛卡兒養成了每天悠閒地在床上度過早晨時光，順便思考人生與知識研究課題的習慣。他大概沒能預料到這個習慣，最後害得他客死他鄉吧，不過這是後話，稍後再提。

第二個影響他一生的即是宗教信仰。受到母親與保姆的影響，笛卡兒生養在強烈天主教信仰的地區，本人也是天主教徒，這一點形塑出他內斂低調的性格，以及過度在意與憂慮宗教裁判所的審判。然而，他父親那邊卻有許多新教徒的親戚，艾克塞爾認為這樣的宗教與思想的衝突，對他的個性造成極大的衝擊，進而影響他一生的行徑。宗教信仰的影響力首先體現於《方法論》的出版過程。

笛卡兒在完成學校的課業之後，花錢在軍中買個職位。別人從軍是生活所逼不得已而為，他從軍只為了學習「戰爭的藝術」還有順便旅行冒險。在當時由於各種科學問題的產生，以及實驗科學的崛起，亞里斯多德的物理學觀點普遍被新的事實所否定，笛卡兒就因此常質疑學校所學到的知識，而「常處於非常多的疑團與錯誤的困擾之中」。在 1619 年 11 月 10 日這個奇妙的夜晚，笛卡兒在滴酒未沾的情形下上床睡覺，做了三個著名的夢境。第一個夢境出現暴風；第二個夢境他有了房子的安全保護以躲避暴風；第三個夢境出現百科全書與詩集。笛卡兒在苦思夢境的啟示之後，在他的祕密筆記中一篇名為〈奧林匹克〉(*Olympica*) 的文章中寫下：「西元 1619 年 11 月 10 日，我感到非常興奮，因為我又更加接近奇妙科學的根基。」艾克塞爾在《笛卡兒的祕密手記》中寫到：

笛卡兒心中也有了答案，就是：統整科學是他此生的任務。……現在他更了解到要統整科學必須致力於數學研究。

笛卡兒企圖以邏輯數學的原則，來奠定世間萬物的合理根基，這一想法來自古希臘幾何學給他的啟示。在經過幾年沉思與頓悟的軍旅生涯與旅行之後，他於 1629 年告訴他學生時代的摯友梅森 (Marin Mersenne) 神父，他準備寫一篇統整科學研究的宇宙論，預計三年內寫完。

當 1633 年他完工正要付印時，卻傳來伽利略受到教會譴責的消息，於是，他立刻取消出版計畫。他說：「地動說與我的論著關係異常密切，我真不知該如何將這理論從我的論著中刪去，而仍使其他部分依然成立，不致淪落為一堆殘缺不全的廢紙。」雖然如此，笛卡兒的各方好友仍希望看看他的新發現，於是，笛卡兒謹慎地將宇宙論的主要部分整理出來，分別寫成三篇文章：*La dioptrique* （《光線屈折學》，有關折射定律）、*Les météores* (《氣象學》，包含有關彩虹的定量解釋)

以及 *La géométrie*（《幾何學》），再加上一篇序文，這即是我們所熟悉的《方法論》，1637 年在萊頓 (Lyden) 出版，雖然當時沒有刊出作者的姓名，不過，大家都心照不宣。

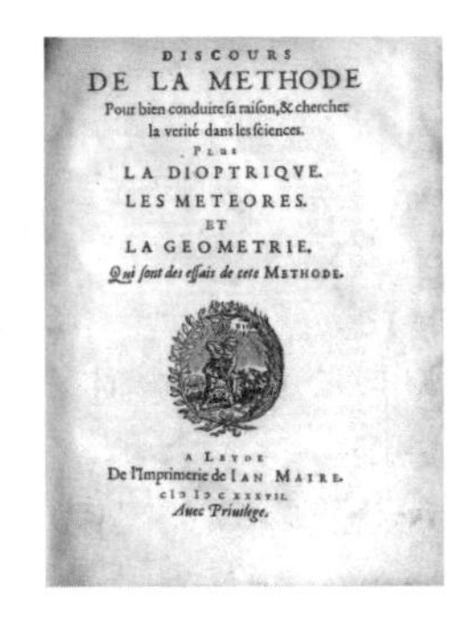
DISCOURS
DE LA METHODE
Pour bien conduire sa raison, & chercher
la verité dans les sciences.
Plus
LA DIOPTRIQVE.
LES METEORES.
ET
LA GEOMETRIE.
Qui sont des essais de cete METHODE.

A Leyde
De l'Imprimerie de Ian Maire.
cIↃ IↃ c xxxvII.
Auec Priuilege.

圖 2：《方法論》1637 年第一版的扉頁

笛卡兒認為萬事萬物都必須經過懷疑，經過驗證其真偽後才能接受，但是，「我在思考」這一件事是確定的，所以，「自我」是存在的。同時，他也認為每個人都有足夠的良知或理智——正確的判斷或辨別真偽的能力，所以，問題在於如何引導理智，如何運用它以認識世界。他在《方法論》指出：

我很幸運。自從年輕時開始，就發現了一條通路，使我得到一些見地與守則。由此我想出了一個方法，似乎能藉由它逐步增加我的知識，並漸漸提升，一直到我平凡的精神和短暫的生命所能允許達到的最高峰。

所以，他將他的方法清楚寫下來，但是，其目的不在於傳授一個人人必須遵守的方法，以正確地引導理智，而是在於「只給人家看，我怎樣設法引導我的理智」。

笛卡兒的哲學，來自於數學推理的啟發，他也不時以數學上的例子，來佐證他自己的說詞，他在《方法論》中提到：「我喜歡數學，因為它的推理正確而明顯，但是，我還沒看到它真正的被人應用。……它的基礎如此穩固堅實，竟沒人想到在其上建造起更高的建築。」或許因為如此，在笛卡兒的「哲學」方法，指導理智的原則中，也確實以數學為「經絡」，建立起他的「知識大樹」。笛卡兒認為邏輯學 (logic) 和在數學中的幾何解析方法 (geometrical analysis) 與代數學這三種技藝 (arts) 或科學，對他的計畫將會有所幫助。但是，他認為邏輯學的三段論證與大部分的規則，只不過在解說我們已經知道的事，儘管確實也有一些十分好的規則在內。至於古代的幾何解析方法與近代的代數，則

> 除了限於談論一些很抽象的問題外，似乎沒有什麼實際的用處。前者常逼你觀察圖形，你若不絞盡想像力，就不能活用理解力；後者使你陷於一些規則和式子 (formulas) 的約束之中，甚至將他弄成混淆模糊的一種技術 (art)，不但不是一種陶冶精神的科學，反而困擾精神。
> （《方法論》第二部分）

所以，他要找出一套方法，結合三者的優點，而沒有它們的缺陷。

首先，笛卡兒在《方法論》中列出四條規則：

第一：絕不承認任何事物為真，除非自我明確地認識它是如此 (clearly recognize to be so)，即除非它是明顯地清晰地呈現在我的精神

前面，使我沒有質疑的機會。

第二：將我要檢查的每一難題，盡可能地分割成許多小部分，使我能順利解決這些難題。

第三：順序引導我的思想，由最簡單，最容易認識的對象開始，一步一步上升，直到最複雜的知識。同時，對那些本來沒有先後次序者，也假定它們有一秩序。

第四：處處作一個很周全的核算和普遍的檢查，直到保證我沒有遺漏為止。

第二條通常稱為「解析律」，而第三條稱為「綜合律」。這兩種觀念是笛卡兒從研讀古希臘學者的數學著作中獲得的。笛卡兒熟知帕普斯對古希臘數學家解決幾何問題的兩種方法——分析 (analysis) 與綜合 (synthesis) 的評論。綜合法由確定的定義公理出發，藉助幾何證明程序得到複雜的結論（知識）；而分析的步驟剛好相反，假設要證明的結論存在，再一步一步分析追溯回最原始簡單的已知條件。在之前的數學中，這兩種方法是分開應用的，而笛卡兒認為這兩者兼用，才能完美而周全。笛卡兒說：「事實上，嚴格遵守我選擇的這幾條規則，我敢說要解決這二學科範圍內的一切問題已綽綽有餘。」

在《幾何學》之前，笛卡兒先將這四條規則應用在哲學上。他「觀察以前在科學上探求真理的學者，唯有數學家能找出一些確實而自明的證明。」他必須找出一些簡單、清楚與確定無誤的真理在哲學中作用，就像公理在數學中發揮的作用一樣。最後，他將他的哲學體系建立在下面四條基本真理上：

⑴我思，故我在 (*Cogito, ergo sum*)；
⑵每一現象必有因；
⑶果不大於因；
⑷人們心中本來就有完美、空間、時間與運動的觀念。

有趣的是，笛卡兒只利用了這簡單的四條「真理」，就足以證明上帝存在的這個大難題。最後，他更將取之於數學的方法與規則，回歸用之於數學，藉著《幾何學》向讀者宣示，他不只是空談而已，他的方法與規則確實有效。

三、《幾何學》中的數學方法

笛卡兒在《幾何學》中想要達成下列兩個目的：

・通過代數的過程（步驟），將幾何從圖形的限制之中釋放出來；
・經由幾何的解釋，賦予代數運算之意義。

運用前面所提的四個規則，笛卡兒在標題名為〈只要求直線與圓的作圖之問題〉的第一卷中，開宗明義地說：

幾何上的任何問題，都能容易地化約成一些術語來表示，這些術語為有關已確定線段的長度的知識，而這些知識即足夠完成它的作圖。

換句話說，就是將幾何問題中所要求的「量」，用未知數來表示，並將幾何圖形中的許多已知量，也用數字來表示，然後，將這些數與未知數之間的關係表示出來，即以代數方程式的方法來表示，最後，將方程式的解運用作圖方法作出，即為所求。

這種方法就是我們現今習慣的解析幾何方法，將幾何問題轉換成代數問題。求出方程式的解（即未知量）之後，他必須將解轉換回幾何問題的情境中，將未知量以作圖的方式呈現出來。笛卡兒先以簡單的單位元 1 與 1 的次方解決齊次律的問題之後❸，代數的運算從此可以從幾何意義的桎梏中自由解脫。

他舉例說明一元二次方程式的根如何用尺規作圖的方式作出。譬如，最後的關係式若為 $z^2 = az + b^2$，則作一直角三角形 NLM，使得 $\overline{LM} = b$, $\overline{LN} = \frac{1}{2}a$。延長斜邊至 O，使得 $\overline{NO} = \overline{NL}$（如圖 3）。以 N 為圓心，$\overline{NO}$ 為半徑作一圓，則 $\overline{OM}$ 為所求的 z 值。

$$\text{因為 } z = \frac{1}{2}a + \sqrt{\frac{1}{4}a^2 + b^2}$$

$$\text{若方程式為 } y^2 = -ay + b^2$$

$$\text{則 } \overline{PM} = y = -\frac{1}{2}a + \sqrt{\frac{1}{4}a^2 + b^2}$$

笛卡兒告訴我們，只要知道哪些運算在幾何作圖上是可行的，就可只進行代數運算，並把解求出即可。

❸在笛卡兒之前，次方的運算必須加上幾何意義才行，例如 a^2 表示面積，a^3 為體積，因而 $a^2 + a^3$ 就加法運算而言是沒有意義的。在一個代數式中，每一項的次方要相同，就稱為齊次律。

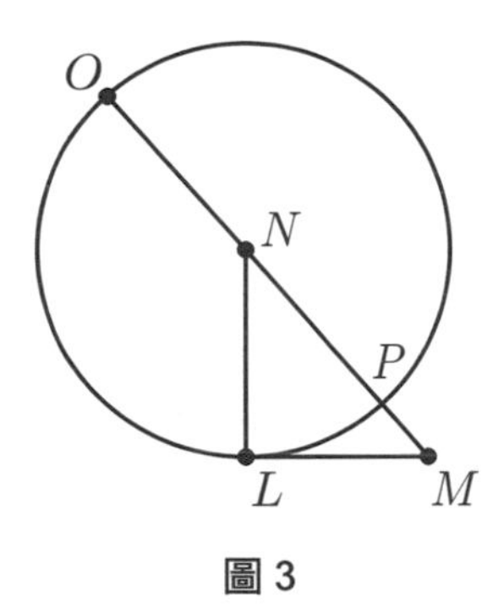

圖 3

接下來，笛卡兒必須解決牽涉到二個，或二個以上變數的問題。在卷一的最後，笛卡兒藉由這個歐幾里得提出，阿波羅尼斯進一步延拓，連帕普斯都無法完全解決的四線問題，引入我們現今所熟悉的坐標系統。這個問題為：

給定四條直線，要求 C 點，使得從 C 點以一定角度 θ 分別引到四條直線的這四條線段中，其中兩條線段的乘積與另兩條線段的乘積成一定的比值。

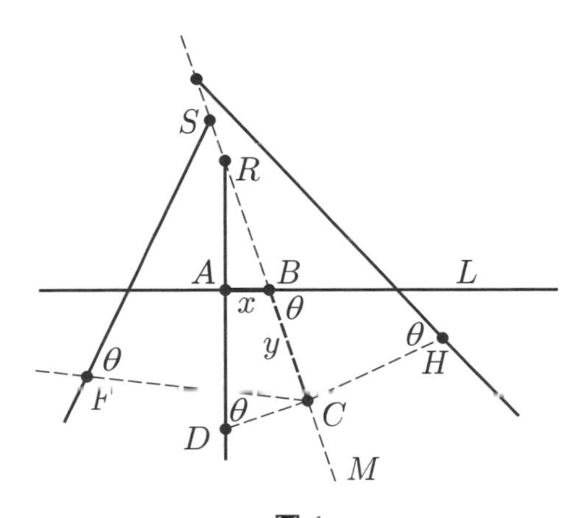

圖 4

如圖 4，$\overline{CD}$、$\overline{CF}$、$\overline{CB}$、$\overline{CH}$ 為所引的四個線段，這個問題在於找出 C 點的位置：

首先，我假設已經得出結果，因為太多的線會混淆，所以我只簡單地考慮所給定直線中的一條及所畫線段中的一條（例如 $\overline{AB}$ 與 $\overline{BC}$）為主線 (the principal lines)，由此我能夠來指涉所有其他的線段。

他發現在圖形中可以將所有的線段長度以 x, y 的線性組合來表示，其中 x 為 AB 在直線 L 上的長度，y 為所求線段 BC 的長度。換句話說，即以直線 L 及 M 為坐標軸，B 為原點，θ 為兩坐標軸的夾角所成的坐標系，所求 C 點的軌跡即為包含二個變量的二次方程式。那麼，我們又該如何以幾何作圖的方式作出所有 C 點所成的軌跡呢?

笛卡兒本書的主要目標，在於幾何問題解的作圖，然則什麼樣的條件是可以「幾何作圖」的? 亦即什麼樣的作圖方式，是可以接受為「幾何作圖」的，這個問題笛卡兒必須先釐清。古希臘的所謂的「尺規作圖」，其限制由歐幾里得《幾何原本》第一卷的前三個設準所規範：

設準 1：過任兩點可以畫一線段。

設準 2：可以沿著此線段的方向連續地延伸。

設準 3：可以任意圓心與半徑畫圓。

在尺規作圖的規定下，許多三次以上方程式，或是二個變數的方程式，是沒辦法作圖的。因此，笛卡兒在《幾何學》卷二〈曲線之特性〉(On the nature of curved lines) 中加上了這麼一條「公設」，使得許多機械作圖成為可能：

兩條或兩條以上的直線可以以一條在另一條上面移動，並由它們的交點決定出其他曲線。

加上這一公設之後，我們可以造出許多可行的機械作圖工具，使得某些曲線，尤其是圓錐曲線的作圖成為可能。在此卷中，他以古典作圖問題「三等分任一角」來說明，三次方程式的解可以用圓與拋物線的交點來解決。笛卡兒自己也提供了一些機械作圖設備的想法，成功地告訴讀者圓錐曲線是可以作出來的。不過到此眼尖的讀者應該可以發現，與現代習慣稱為笛卡兒坐標系 (Cartesian coordinate system) 的直角坐標系統不同，笛卡兒使用的坐標軸（兩條參照的主線）不一定要垂直，且 x 與 y 的正方向與現在的用法也相反了。

對笛卡兒而言，到底什麼是曲線？在第三卷的第一句話，清楚地表達了他對曲線的看法：「每一個能描述成連續運動的曲線，都應該在幾何上被承認」，也就是說，對笛卡兒而言，幾何曲線是由連續運動而定義，而不是代數關係式。與費馬不同的是，他的主要目的在於以代數方法解決幾何問題，藉由代數方程式的幫助，找出滿足幾何問題解的點相對於主線（也就是坐標軸）的位置，然後以幾何作圖作出此解，或是當解無限多點時，作出滿足條件的點所成的軌跡。笛卡兒《幾何學》的論述重點，並不在於以代數關係式表徵幾何曲線。

四、笛卡兒的祕密

我們一般人大概很難相信，一個堅信對任何事物抱持懷疑態度，堅持要澄清所有疑難之處的理性之人，會與神祕主義有一絲一毫的牽扯。然而，終於暴露出來的事實真相卻是如此。這一段千辛萬苦的揭密過程，開始於下一世代的偉大數學家萊布尼茲 (Gottfried Wilhelm Leibniz, 1646–1716) 對笛卡兒的執迷。

萊布尼茲與笛卡兒同樣分享著對數學與哲學的熱愛，雖然當時德國反笛卡兒思想的情緒正在高漲，萊布尼茲所接受的亞里斯多德派的傳統哲學思維，讓他無法接受笛卡兒的哲學思想，卻也讓他瘋狂地想要知道更多笛卡兒的事蹟與研究內容。他到處打聽與搜購笛卡兒的手稿與私人書信，1676 年，在有機會實踐巴黎之旅後的第四年，萊布尼茲在多方打聽後，終於如願以償得以閱讀並抄寫笛卡兒未曾出版的手稿與不為人知的祕密筆記。

在笛卡兒沒有發表的手稿中，包含〈前言〉(Preambles) 與〈奧林匹克〉兩篇文章。笛卡兒在〈前言〉上寫著：

人類智慧的濫觴，來自於人們對上帝的敬畏之意。被徵召到舞臺上的演員們，總是戴上面具以掩飾他們熾熱的臉龐。雖然到目前為止，我只是個旁觀者；但就像這些演員一樣，在爬上這個世界劇院的舞臺之前，我預先戴好了面具。在我青少年時期，曾經目睹了許多巧妙的發現；我不禁自問：是否就這樣依賴著別人的路線前行……

這段話透露著甚什麼訊息？笛卡兒戴著面具上了學術舞臺？也就是說，他隱藏著不為人知的一面，不顯露在世人面前？他所謂的「巧妙地發現」指的是什麼？同樣在〈前言〉中，透過萊布尼茲的抄寫，笛卡兒的祕密之一揭露了：

再一次地提供給全世界博學的學者們，特別是“G. F. R. C.”

原來這幾個縮寫的字母中的“G.”代表“Germania”日耳曼，而“F. R. C.”應該就是「薔薇十字會」(Fraternitas Roseae Crucis) 的縮寫。萊布尼茲對薔薇十字會當然知之甚詳，他還是此會的會員之一呢。

薔薇十字會為十七世紀初在德國成立的祕密社群，成員大多為學者和改革家，這個社群的標誌就是一朵立於十字架上的薔薇。傳說這個學派的創立者克里斯丁・羅森克魯茲（Christian Rosenkreuz，約1378–1484）有一天到了某個阿拉伯地區的神祕之城，這個城裡的居民對於世間萬物有著非凡的知識與見解，居民教導他有關這個世界的所有神祕知識。之後的遊歷讓他學習更多，也更加想把知識傳播到整個歐洲大陸。他回到歐洲後，發現沒人對他的想法有興趣，有的只有嘲笑與反對，他只期望於他死後，他的一切知識可以藉由一群被選出的學者們流傳下去。這些被選出的學者後來各自又帶了一些人，這些人立了守密的誓約，創造某種神祕的語言作為密碼，隱密地分散於世界各地生活。

當笛卡兒遊歷到德國時，當時學術圈流行的話題，就是這個在德國出現的神祕社群。由於笛卡兒對科學知識的熱衷追求，常常被傳說為這個社群的一員，笛卡兒確實也很想認識這群可以跟他分享智力活動的新朋友。有許多的證據顯示，笛卡兒確實接觸了這個神祕社群的某些學者，研讀了許多這個社群出版的書籍，而這些書籍充滿了數學、科學、煉金術與神祕論的知識。但是，為何笛卡兒要隱藏這一切痕跡，甚至連重要的數學研究成果都要祕而不宣？

在十六世紀與十七世紀初的那個年代，薔薇十字會作為一個宣揚知識與提倡改革的社團，勢必會與天主教教廷勢力發生衝突；又因為他們將自己視為世界子民，沒有國家意識，不鼓勵為國效忠，又會受到政治當權者的打壓。這種反政治宗教的立場，迫使他們不得不轉為祕密社群，否則容易受到宗教裁判所的嚴厲譴責與迫害。笛卡兒雖然身為虔誠的天主教徒，卻有著對知識科學真理的信仰與追求熱情，但是，對宗教裁判所審判的擔憂，讓他只能將與薔薇十字會有關的一切知識想法，隱藏在不會被人發現的祕密筆記之中。

2001 年，法國學者梅爾 (E. Mehl) 出版一本研究笛卡兒的著作 (*Descartes en Allemagne*)，他研究分析的結果，讓我們幾乎可以確定笛卡兒深受薔薇十字會影響。他為自己的祕密手記取名為〈奧林匹克〉，這個名稱在薔薇十字會的書中反覆被提及；還有他在祕密手記中的詞彙用語，充分顯示了他熟悉以及受到薔薇十字會理念的影響。再者，或許也是因為受到薔薇十字會與其他神祕主義者追尋隱藏在圖形與數字背後涵義的影響，笛卡兒這位幾何與代數二領域中的專家，熱衷於在圖形與數字中尋找連結的意義，並藉由神祕符號的使用，笛卡兒確保即使這份祕密筆記的內容被人窺視，他人仍然無法了解其中的內容。那麼，笛卡兒到底隱藏了什麼?

萊布尼茲抄寫完〈前言〉與〈奧林匹克〉之後，理解到笛卡兒應該還有其他手稿，經過詢問之後，萊布尼茲看到了現在已經失傳的名為〈立體元素〉(*De Solidorum elementis*) 的祕密手記。這份共十六頁羊皮紙的手記，有著許多難以理解的圖形、方程式與符號，不過這些似乎難不倒密碼學與解碼專家萊布尼茲，他終於理解了笛卡兒祕密手記中兩個神祕數列的涵義，這兩個數列就是:

4, 6, 8, 12, 20

4, 8, 6, 20, 12

笛卡兒在祕密手記中畫的圖形正是正六面體、正四面體與正八面體(他還在這幾個圖形的上方各寫上一個 6，利用 666 這個惡魔的記號來增加神祕性)。我們知道正多面體有 5 種，還有正十二面體與正二十面體。他用第一個數列表示這 5 個正多面體的面:

4, 6, 8, 12, 20
(正四面體) (正六面體) (正八面體) (正十二面體) (正二十面體)

第二個數列表示正多面體的頂角數:

4, 8, 6, 20, 12
(正四面體) (正六面體) (正八面體) (正十二面體) (正二十面體)

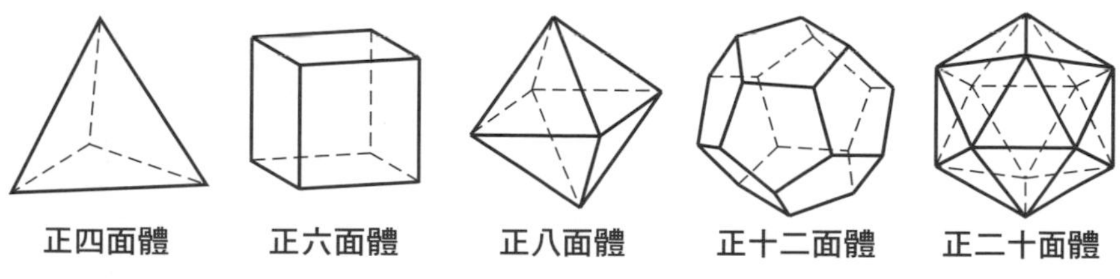

圖 5: 5 種正多面體

笛卡兒以轉換和掩飾的方法，在他的文章中隱藏了其他數列，解答的規則也安排在其中。萊布尼茲這位解碼專家發現了笛卡兒安排指定數列的規則，並在他的謄寫本上加上注解。透過萊布尼茲，笛卡兒的祕密終於從掩蓋它們的神祕面紗中探出頭來。笛卡兒的發現正是多面體中表面數 (F)、頂角數 (V) 與邊數 (E) 間的不變量關係: $V-E+F=2$。

$V-E+F=2$ 這個方程式我們現在一般稱為歐拉的多面體方程式，將發現的榮耀歸功於歐拉 (Leonhard Euler, 1707–1783)，並將 $V-E+F$ 的值稱歐拉特徵值 (Euler characteristic)。歐拉在 1750 與

1751 年間證明了這個關聯性並發表。這個公式的重要性，在於它開創了一個與物理及科學技術研究，有重大關聯的數學新領域——拓樸學 (topology)❹，它是拓樸學中一個不變量，所有和 2 維球面（3 維空間中的普通球體）同胚的多面體，像是這 5 種正多面體，它們的歐拉特徵值都是 2，不過，甜甜圈形狀的歐拉特徵值為 0，所以，球體和甜甜圈是不同的（只有數學家才懂的冷笑話）！

笛卡兒發現的這個性質這麼重要，為何他不發表公開呢？是像有些學者宣稱的「笛卡兒認為這個發現只是個次要的結果，所以並沒有將其發表」嗎❺？我們必須將這個問題放在十七世紀的脈絡中來看，才會看得清晰與完整。當刻卜勒於 1596 年發表《宇宙的奧祕》(*Cosmological Mystery*) 時，他將天體運行模型設計為一個由五種柏拉圖正多面體層層套疊所構成的宇宙模型，這五個多面體又緊密地各自內接在球體中（見下圖 6)，而這個天體運行模型的中心點就是太陽，刻卜勒用柏拉圖立體解釋的宇宙模型，支持了哥白尼的日心說理論。當笛卡兒研究這些古老幾何物件上的數學特性時，在祕密手記上記載的第一個項目，就是古希臘幾何中已知的將多面體置於球體內的理論，在此之上，他走得更遠更深入而已。笛卡兒應該清楚地意識到，雖然對他而言是純粹的數學研究，然而卻會被視為為當時禁忌的哥白尼理論提供理論上的證據。再一次地，他內斂的天性讓他擔憂宗教裁判所

❹Topology 這個詞的語源來自希臘文的 τόπος，意指「位置」(place)，以及 λόγος，意指「研究」(study)。

❺例如《改變世界的十七個方程式》(*Seventeen Equations That Changed The World*) 的作者史都華 (Ian Stewart) 就是這樣的說法。

的審判，因此，他選擇將自己的研究成果，以神祕學的方式隱藏在私人的祕密筆記中，而不讓它曝光。

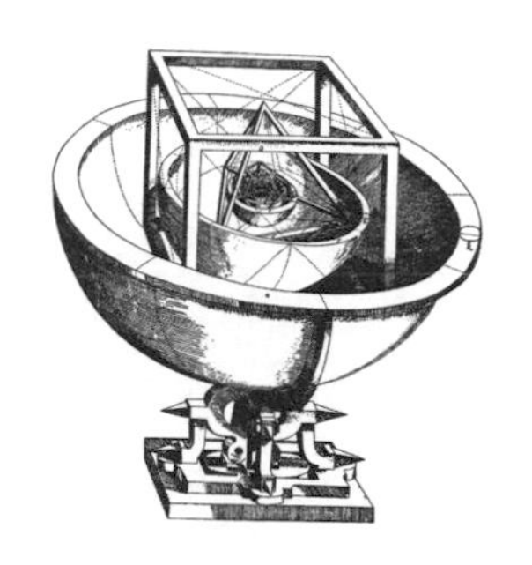

圖 6：刻卜勒在《宇宙的奧祕》中所繪的天體模型，由 5 種正多面體構成

這份祕密手稿後來還惹起了神祕事件。在萊布尼茲謄寫完筆記後的二十年，這份筆記居然消失無蹤，僅留下萊布尼茲的謄寫手稿，不過，卻淹沒在萊布尼茲遺留下的龐大文獻中，被遺忘了近兩個世紀，直到 1860 年，這份謄寫稿才終於重見天日。然而，事情沒有那麼簡單，發現的人以及之後的許多研究者，要不是本身不是數學家，看不懂內容又解讀錯誤；就是解碼能力不夠而無法解讀，直到 1987 年皮耳・寇斯塔貝爾 (Pierre Costabel, 1912–1989) 的決定性研究，才終於成功地解讀出當年萊布尼茲的小注解，以及笛卡兒隱藏的祕密發現。到現在我們也慢慢地讓笛卡兒同享發現的榮耀，將這個有關多面體的公式改稱為笛卡兒一歐拉公式。

五、笛卡兒的祕密戀情？

在臺灣的中學數學教師群裡，流傳著一則有關笛卡兒情書的傳聞，這則傳聞源自網路消息。如果你在 Google 搜尋引擎中打上「笛卡兒情書」，會跑出上萬筆的搜尋結果，其中大多是關於「笛卡兒寫給瑞典克莉絲汀娜 (Kristina Augusta, 1626–1689) 公主的第 13 封情書」，這則「傳說」不僅出現在許多寫手的個人部落格，也出現在中學數學科網站或數學教師個人網頁上面。它大概是這麼說的：

十七世紀的法國，當時正在流行黑死病，於是笛卡兒便逃到瑞典，四處流浪，靠乞討維生。有一天，他在市集上乞討時，碰巧被瑞典公主克莉絲汀娜發現……笛卡兒便將他的畢生絕學傳授給克莉絲汀娜……笛卡兒與克莉絲汀娜間便產生了情愫，當國王知道這件事後，相當憤怒，……將笛卡兒逐回法國，……便染上黑死病……他寄出了第十三封信，不久，就過世了……只有短短一行數學式 $r = a(1 - \sin\theta)$，克莉絲汀娜……動手開始解，終於在她抑鬱許久的臉上，揚起笑容。傳說，這封情書還保留在歐洲的笛卡兒博物館裡。

這則傳說就跟美國恐怖片中常出現的「都市傳說」(urban legend) 一樣，出處不可考，真實性也一樣不可靠！不過，傳說會出現總有它的理由。老實說，筆者在上課時也曾提及這個故事，用來傳達「數學也可以很浪漫」的訊息。這則傳說內容除了人名地名之外，剩下的情節完全虛構，不過，笛卡兒為什麼會有這樣的「八卦」出現呢？我們先來看看故事的真相，或許就能稍微理解一二。

終其一生，可能跟笛卡兒產生感情糾葛的女性有三位。1634 年，笛卡兒在遠離親友獨自做著研究的孤寂中，與照顧他的女僕海倫娜發生一段戀情，並於次年生下一個女孩。有人說海倫娜是他的情婦，不過，從她女兒的出生證明來看，笛卡兒與海倫娜應該在女兒出生之前，就已祕密結婚，只是礙於海倫娜身分低下故而隱密這段婚姻。笛卡兒在他摯愛的女兒5歲時因病去世之後，將這段與海倫娜的韻事當成年少輕狂的一樁蠢事（雖然當時笛卡兒已經38歲了）。高傲如笛卡兒，他的理想型（或「天菜」）應該是地位與學識皆能與他相當匹配的女子。

1642年，旅居在荷蘭的笛卡兒透過友人的介紹，認識了他的忠實粉絲，波希米亞的流亡公主伊莉莎白。當時她正是年華正盛的24歲，聰慧美麗，對笛卡兒的哲學與數學、物理學有著無比的興趣與理解能力。藉由不斷的交換意見與書信往返，笛卡兒與伊莉莎白公主發展出一段溫馨親密的關係。雖然在信裡兩人的語氣充滿感情，笛卡兒常將她描述成一位天使，伊莉莎白公主也常在信末自稱「您最深情的朋友」，但卻沒有任何的蛛絲馬跡，可以透漏兩人之間的真正關係。或許是信件須經由他人轉交的緣故，也因為公主的地位高出笛卡兒許多，他們之間如果真有任何親密的私情，也只能選擇埋葬在親密朋友的表象之下。

與公主結識的時候，笛卡兒正在環境清幽的荷蘭鄉下，進行哲學的沉思與寫作。隨著《方法論》的出版，笛卡兒的哲學思想在歐洲開始流行起來，不過，反對笛卡兒哲學的守舊派人士也陸續增加。1647年，笛卡兒終於被捲入慘烈的學術爭論中。在經歷過相互的批評謾罵與羞辱的道歉之後，心力交瘁的笛卡兒搬離荷蘭，回到巴黎之後，認識了當時法國駐瑞典的外交人員夏努。透過這個善於阿諛奉承的中間人，笛卡兒與年輕好學的瑞典女皇克莉絲汀娜有了聯繫。對剛經歷過讓他備感受傷的學術論戰之後，同時或許也為伊莉莎白公主的處境憂慮，笛卡兒迫切地想尋求權力的保護，即使不太想離開舒適的荷蘭鄉間環境，他還是在 1649 年接受克莉絲汀娜女皇的邀請，前往瑞典成為她私人的哲學導師。當時，笛卡兒絕對意想不到，這個被他形容為來自天堂的邀請，最後會讓他真的上了天堂，喪命於瑞典。

正如前文說過，笛卡兒有一個從小養成的生活習慣，要有充足的睡眠，早上習慣睡到自然醒，然後躺在床上看書到他想起床為止。然而，他抵達瑞典之後，受到克莉絲汀娜女皇極大的賞識，好學的女皇急切地為她的新教師訂下教學計畫，每天清晨五點鐘與笛卡兒開始學習。這對已進入初老時期的笛卡兒，是多大的負擔啊，在 53 歲的高齡時，改變維持了大半生的生活習慣，於寒冷的冬季清晨抵達女皇那沒有暖氣的圖書館。克莉絲汀娜女皇對大哲學家笛卡兒的敬重與信賴，雖然讓笛卡兒滿足於心智交流的默契，卻也讓笛卡兒又捲入充滿敵意與忌妒的宮廷鬥爭中。1650 年 2 月，笛卡兒在經歷了酷寒的冬季之後，染上了類似肺炎的症狀，一病不起。在充滿敵意的瑞典宮廷中，他並沒有得到適切的醫療照護，終於在病痛的折磨下逝世了。

現在謠言終結者來了。不管是時間、空間還是人物關係，上述流傳的笛卡兒與克莉絲汀娜的八卦，全部的情節都是虛構。在笛卡兒還活著的年代，發生於歐洲的黑死病疫情，僅有 1629 年到 1631 年的義大利受到侵襲，當時笛卡兒人在荷蘭，正在進行《世界體系》這本書的書寫。再者，笛卡兒家境富裕，怎麼可能流落街頭行乞？他與克莉絲汀娜女皇（認識當時就已不是公主）間，僅是智識上的交流，如果要傳曖昧，說不定與伊莉莎白公主還可信一些呢！不過，這則八卦之所以可以流傳這麼久，主要還是因為 $r=a(1-\sin\theta)$ 這個枯燥的數學方程式，居然可以述說成一段浪漫淒美又動人的愛情故事，這種反差效果想必十分令人神往吧。

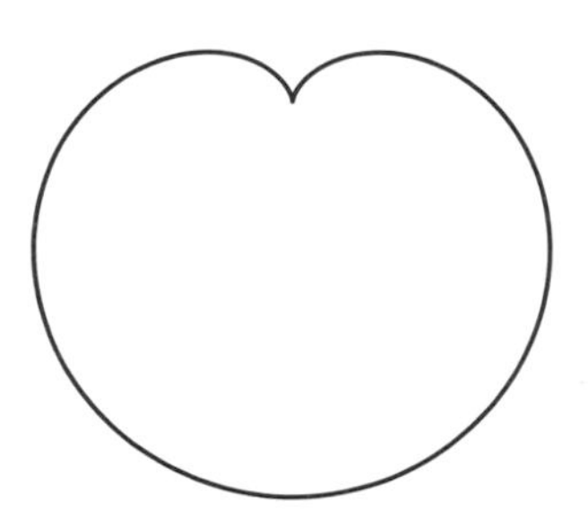

圖 7： $r = 1 - \sin\theta$ **的圖形**

六、結語

數學這一門學科，向來被譽為理性的象徵，絕對的真理，在任何人的理解範圍內，數學絕不可能跟浪漫愛情、神祕主義、權力鬥爭、宗教迫害等這些名詞有所牽連。

透過笛卡兒波瀾壯闊的一生，我們看到了一位偉大的哲學思想家，在影響十七世紀科學研究的革命思潮中，從數學中建立起他的哲學思想架構，影響整個形上學世界的觀念；又將這套理論用之於數學，為數學研究開創出新的格局。

我們在十七世紀的脈絡中，抽絲剝繭地審視笛卡兒公開與未公開的數學成就，對笛卡兒的作為舉動有了進一步的解釋與理解，也對他的成就給予公正的評價，讓這位偉大數學家的形象變得立體起來。每個人在面對世界的時候，至少會有兩個面貌，笛卡兒有呈現在世人面前信仰理性與真理的一面，也有隱藏在面具之後交纏著神祕色彩的一面。下次再看到「笛卡兒」這個名字時，你心中浮現的會是哪一個面貌的笛卡兒呢?

參考文獻

1 Fauvel, John and Jeremy Gray eds. (1987) , *The History of Mathematics: A Reader*, London: The Open University.

2 Grattan-Guinness, Ivor. (1997), *The Fontana History of the Mathematical Sciences*, London: HarperCollins College Publishers.

3 Katz, Victor. J. (1993), *A History of Mathematics*: *An Introduction*. New York: HarperCollins College Publishers.

4 Nuffield Foundation (1994), *The History of Mathematics*. Singapore: Longman Singapore Publishers.

5 Sorell, T. (2000), *Descartes: A Very Short Introduction*, Oxford University Press.

6 *The Philosophical Works of Descartes*, translated by E. S. Haldane and G. R. T. Ross (1968), London: Cambridge At The University Press.

7 *The Geometry of René Descartes*, translated from the French and Latin by D. E. Smith and M. L. Latham (1954), N. Y. : Dover Publications, Inc.

8 克萊因 (Kline, M.)（林炎全、洪萬生、楊康景松譯）(1983)，《數學史——數學思想的發展》，臺北：九章出版社

9 艾克塞爾 (Aczel, A. D.)（蕭秀山、黎敏中譯）(2007)，《笛卡兒的秘密手記》(*Descartes' Secret Notebook*)，臺北：商周出版社

圖片出處

圖 1：Wikimedia Commons

圖 2：Wikimedia Commons

圖 6：Wikimedia Commons

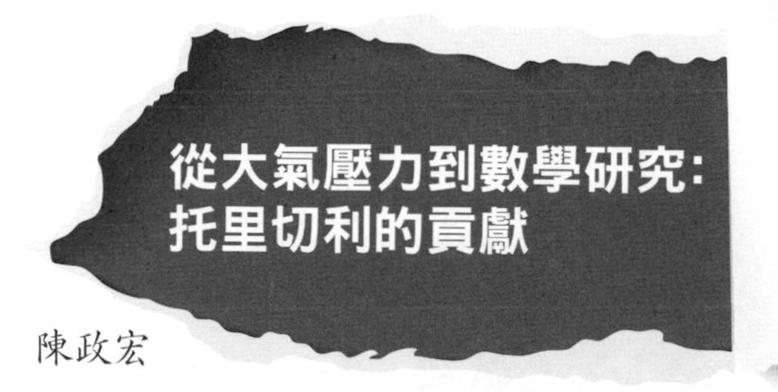

從大氣壓力到數學研究：托里切利的貢獻

陳政宏

一、前言

托里切利 (Evangelista Torricelli, 1608–1647) 是十七世紀義大利著名的科學家，他最廣為人知的科學成就，就是對於大氣壓力的貢獻，並確立「真空」的存在。但是，托里切利在數學研究上，亦有許多豐碩的成果，包括費馬點、解釋卡瓦列利原理、拋體的切線問題等等。甚至，他在伽利略去世前的三個月，來到被軟禁的伽利略家中，成為這位十七世紀科學大師的關門助手與弟子。

在本文中，我們主要介紹托里切利不為一般科普讀者所知的一面，以及他如何在數學研究上展現十分有趣的洞見。

圖 1：佛羅倫斯科學歷史博物館的托里切利石像

二、生平事蹟

1608 年 10 月 15 日，托里切利出生於義大利法恩札 (Faenza)，父母是從事紡織工作，經濟狀況並不算富裕，所以，托里切利的父親雖然發現兒子的天賦，卻無法給他良好的教育。因此，大部分的時間，都是托里切利的叔叔在教導他。叔叔積極地教育托里切利，在 1624 年將托里切利送到法恩札的耶穌會學院去學習數學與哲學，一直到 1626 年為止。1627 年，托里切利大約 20 歲時，叔叔便帶他到羅馬，向卡斯特利 (Benedetto Castelli, 1578–1643) 學習科學[1]，包括數學、力學、水力學及天文學，之後便成為卡斯特利的祕書。

---

[1] 伽利略的學生，於比薩的羅馬大學教授數學。

OPERA
GEOMETRICA
EVANGELISTÆ
TORRICELLII

De Solidis Sphæralibus
De Motu.
De Dimensione Parabolæ

De solido Hyperbolico
Cum Appendicibus de Cycloide, & Cochlea.

圖 2：托里切利的 *Opera Geometrica* 一書封面

在擔任卡斯特利的祕書期間，托里切利有機會與伽利略通信[2]，托里切利非常欽佩伽利略，並同伽利略一樣，支持哥白尼的日心說，因此，托里切利深入研讀伽利略的《兩個世界體系的對話》。而在 1633 年，伽利略被教宗法庭囚禁時，托里切利似乎是為了減少爭議，也慢慢的將研究的重心轉往數學。

1641 年，托里切利完成了大部分的工作，並於 1644 年出版了《幾何作品集》(*Opera Geometrica*) 一書，此書分為三個部分，其中，第二部分〈重物的運動〉(*De motu gravium*) 描述並發揚了伽利略關於運動學的想法，並依循伽利略的想法給出了新的結論。

1641 年，卡斯特利在一次拜訪伽利略時，將托里切利的手稿給伽利略看，並熱情推薦托里切利。伽利略看完之後，表示非常欣賞托里切利的見解，便邀請他來擔任助手。而後，托里切利來到佛羅倫斯 (Florence) 會見伽利略，但此時伽利略已雙目失明[3]，終日臥病在床。在伽利略過世前三個月，托里切利和他的學生擔任了伽利略口述的筆記者，也成為了伽利略的關門弟子。

❷伽利略寫信給卡斯特利，但卡斯特利當時不在羅馬，因此，由祕書托里切利回信。
❸1634 年底，伽利略一隻眼睛已經失去視力，另一隻眼睛視力日漸微弱。

在伽利略逝世後，麥迪西大公裴迪南二世 (Grand Duke Ferdinando II of Tuscany, 1610–1670) 請托里切利接任伽利略原來的工作[4]，在任期間，他解決了當時很多重要的數學問題，稍後我們再加以介紹。

1647 年，托里切利在佛羅倫斯染上了風寒，10 月 25 日便過世了，得年才 39 歲。死後被安葬在聖羅倫索 (San Lorenzo)，他將所有的遺產留給了養子亞歷山大 (Alessandro)。

三、大氣壓力

托里切利最廣為人知的成就，就是對大氣壓力的解釋。古希臘時期，亞里斯多德認為世界萬物只有火及空氣沒有重量，其餘東西都有重量，並且堅持「自然厭惡真空」的說法，即認為真空是不存在的。但伽利略對此說法抱持懷疑的態度，並提出「真空力」的概念。伽利略曾經向托里切利提出下列問題：

礦井中的水，為什麼不能吸升到 10 公尺以上呢？

針對此一問題，伽利略假定水汞或虹吸管內，有一種能提起 10 公尺高水柱的「真空力」，以此來解釋這個問題。伽利略認為亞里斯多德主張「自然厭惡真空」是錯誤的，托里切利對此雖然贊同，但卻也對伽利略的「真空力」，抱持懷疑的態度。因此，托里切利想要做實驗來回答此問題。但是，要找到 10 公尺的玻璃管談何容易，因此，托里切

[4] 比薩大學的數學教授。

利想到用汞來做實驗，因為汞的比重是水的 14 倍，理論上，汞柱高度也只需水柱的 $\frac{1}{14}$，這樣，1 公尺的玻璃管就足夠了。

托里切利於 1643 年就將上述實驗付諸行動。他發現管內的汞高度到達 76 公分後便停止上升，而其管內即為真空。此外，托里切利也為了證實管內並非由真空力所造成，他拿兩個管子，其中一個的閉端，有一個大圓球，而若真有所謂的真空力，此管的汞柱應該更高一些，但實驗證明並非如此。

隔年，里奇在給梅森的書信中提及此實驗，才使托里切利聲名大噪，而後許多科學家在各地重做了此實驗，證實了托里切利的重大發現。

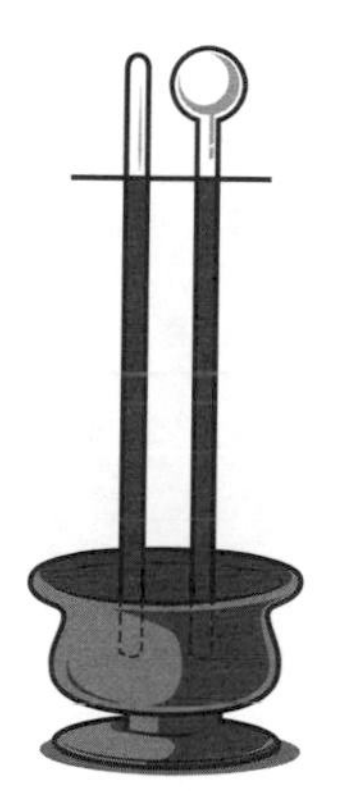

圖 3：托里切利的大氣壓力實驗

四、托里切利與卡瓦列利原理

前文提到，托里切利在數學上亦有豐碩的貢獻，其一，就是推廣了卡瓦列利原理[5]。而記錄在《幾何作品集》第三部分〈拋物線的度量〉(*de Dimensione Parabolae*)[6]，是利用卡瓦列利原理，重新證明了許多阿基米德提及的數學知識，如圓柱與內切球的體積比、重心問題等等。接下來，我們來看托里切利如何得到圓柱與內切球的體積比：

首先，他引用了古希臘對於拋物線研究的一些性質[7]。

定理 1：拋物線和所夾弦的面積為相同底和高的三角形面積的 $\frac{4}{3}$

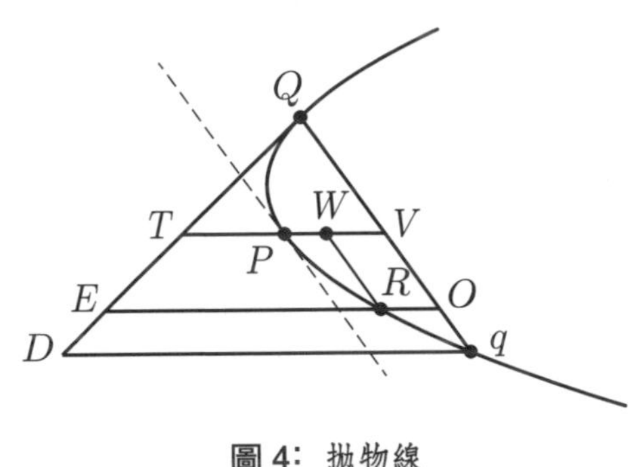

圖 4：拋物線

這裡提到的所謂拋物線的底和高為何？托里切利引用古典幾何的

❺卡瓦列利是義大利著名的數學家，以提出卡瓦列利原理而聞名。卡瓦列利原理的形式如下：給定兩圖形畫在兩條平行線之間，又在這兩平行線之間，任畫一條平行線，而為平面圖形所截之線段如果處處相等，則此兩平面圖形面積相等；若兩立體圖形畫在兩平行平面之間，又在兩平行平面之間任作一個平行平面，而為立體圖形所截平面圖形面積如果處處相等，則此兩立體圖形體積相等。

❻第三部分有 84 頁的篇幅，全書有 400 多頁。

❼筆者在此不贅述證明，有興趣的讀者可參考阿基米德的《拋物線求積》(*Quadrature of the Parabola*)。

說法，如圖 4，P、Q、q 為拋物線上的三個點，若弦 $\overline{Qq}$ 與過 P 的切線平行，則弦 $\overline{Qq}$ 即為拋物線的底，P 點到 $\overline{Qq}$ 的距離即為高。在此，我們可以將拋物線與弦所夾的面積記為 par(qPQ)。

Problema Primum. 51

Esto parabola abc, cuius tangens cd, parallela diametro sit ad: Dico triangulum adc esse parabolae ipsius abc, triplum.

Si enim non est triplum parabolae, per conversionem rationis, non erit sesquialterum trilinei abcd: & propterea (duplicata antecedente) totum parallelogrammum ae non erit triplum trilinei abcd.

Trilineum ergo abcd erit vel plus, vel minus quam tertia pars parallelogrammi ae. Ponatur primum esse plus quam tertia pars, & sit excessui aequale spatium K.

Inscribatur intra trilineum abcd, figura constans ex parallelogrammis aequealtis, deficiensque ab ipso trilineo minori defectu quam sit ipsum spatium K. Et inscripta iam sit eiusmodi figura. Erit ergo adhuc figura inscripta plus quam tertia pars parallelogrammi ae.

Concipiatur circa rectam ad, circulus, qui sit basis cuiusdam coni verticē habentis in puncto c. & super eadē basi intelligatur cylindrus ae eiusdem altitudinis cum ipso cono; secenturque sit tam conus quam cylindrus planis basi parallelis per singulas rectas fg, hi, lm &c. ductis. Concipiantur etiam intra conum acd cylindri aequealti po, oi &c.

Iam sic: Parallelogrammum af ad ad, est ut recta da ad on: nempe ut quadratum dc ad quadratum co; sive, ut quadratum da ad quadratum og, nempe, ut cylindrus af ad cylindrum po. Et sic semper. Suntque omnes primae magnitudines aequales parallelogrammo af, & ideo aequales inter se; omnes autem tertiae magnitudines aequales cylindro af, atque ideo inter se. Erunt ergo omnes primae simul, hoc est parallelogram-

G 2 mus

圖 5： *Opera Geometrica* **中敘述拋物線的部分**

接下來，令 $\overleftrightarrow{PV}$ 為與拋物線對稱軸平行的直線且與 $\overline{Qq}$ 交於 V 點、與過 Q 的切線交於 T 點；令 R 點為拋物線上另一點，$\overleftrightarrow{RW}$ 與 $\overleftrightarrow{PV}$ 交於 W 且與 $\overline{Qq}$ 平行；設過 R 且與 $\overleftrightarrow{PV}$ 平行的直線交 $\overleftrightarrow{QT}$ 於 E、交 $\overline{Qq}$ 於 O；設過 q 且與 $\overleftrightarrow{PV}$ 平行的直線交 $\overleftrightarrow{QT}$ 於 D，則會有以下七個性質：

(1) $QV = Vq$

(2) $PT = PV$

(3) $\dfrac{PV}{PW} = \dfrac{Vq^2}{WR^2}$

(4) $\dfrac{Qq}{Oq} = \dfrac{ER}{RO}$

(5) $\text{area}(\triangle qPQ) = \dfrac{1}{4}\text{area}(\triangle qDQ)$

(6) $\dfrac{RO}{PV}=\dfrac{QO\cdot Oq}{Vq^2}=\dfrac{(QV+VO)\cdot Oq}{Vq^2}$

(7) $\dfrac{Dq}{ER}=\dfrac{DQ^2}{EQ^2}$

利用這七個性質，接下來，我們要證明圓柱與內切球的體積比。

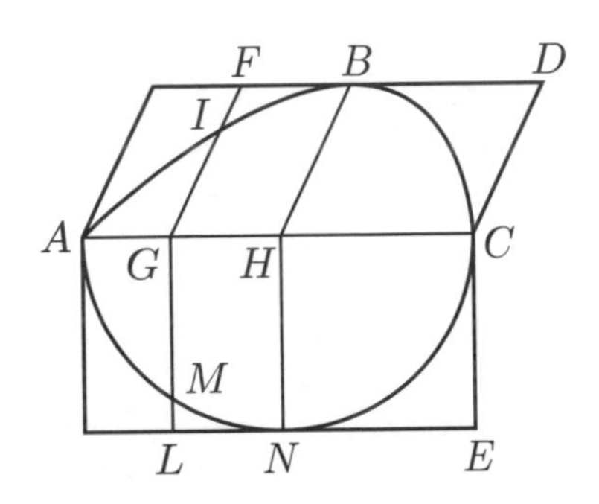

圖 6：半圓 *ANC* 及拋物線 *ABC*[8]

如圖 6，ABC 為一拋物線，令 B 為拋物線的頂點且 $\overline{BH}$ 平分 $\overline{AC}$。假設以 $\overline{AC}$ 為直徑畫一個半圓 ANC，$\overline{HN}$ 為半徑且垂直 $\overline{AC}$。而四邊形 AD 為拋物線 ABC 的外接平行四邊形，長方形 AE 為半圓 ANC 的外接長方形。最後，令 G 為 $\overline{AC}$ 上的點，$\overline{FG}$ 平行 $\overline{BH}$ 且分別與拋物線及平行四邊形交於 I 及 F；另一方面，$\overline{GL}$ 平行半徑 $\overline{HN}$，與半圓及長方形交於 M 及 L。有了這些標示，接下來，我們將透過卡瓦列利原理證明圓柱與內切球的體積比，因為半圓 ANC 及長方形 AE，若以 $\overline{AC}$ 為軸開始旋轉，即可得到圓柱與內切球。

因為 $\overline{FG}=\overline{BH}$ 且 $\overline{HN}=\overline{GL}=\overline{HA}$，我們可以得到：

---

[8] 取自 Leahy, “Evangelista Torricelli and the ‘Common Bond of Truth’ in Greek Mathematics”.

$$\frac{\overline{FG}}{\overline{GI}}=\frac{\overline{BH}}{\overline{GI}}=\frac{\overline{HA}^2}{\overline{CG}\cdot\overline{GA}} \quad \text{（根據(6)）}$$

$$=\frac{\overline{HN}^2}{\overline{GM}^2} \quad \text{（根據《幾何原本》）}$$

$$=\frac{\pi\overline{GL}^2}{\pi\overline{GM}^2}$$

式子左邊的 $\overline{FG}$ 和 $\overline{GI}$ 可以看成平行四邊形與拋物線的切片，而式子右邊的 $\pi\overline{GL}^2$ 和 $\pi\overline{GM}^2$ 可以看成圓柱與內切球的面積切片，因此根據卡瓦列利原理及定理 1，我們得到：

$$\frac{\text{平行四邊形 } AD \text{ 的面積}}{\text{拋物線 par}(ABC) \text{ 的面積}}=\frac{\text{圓柱體積}}{\text{內切球體積}}=\frac{3}{2}$$

在此，不容忽視的結果是，托里切利利用卡瓦列利原理，證明阿基米德兩個主要的工作是等價的。

托里切利也利用相同的手法，即拋物線的幾個性質和卡瓦列利原理，證明了阿基米德螺線及重心的問題，有興趣的讀者，可參考 Andrew Leahy 的論文，“Evangelista Torricelli and the ‘Common Bond of Truth’ in Greek Mathematics”。

54 De Dimenſione Parabolę

triangulum ABC eſt tres. (triangulum enim ABC æquale eſt triangulo EFC, cum vtrumq; duplum ſit trianguli EBC, ergo triangulum ABC quarta pars erit totius ALC.) Conſtat ergo parabolam ad inſcriptum ſibi triangulum eſſe vt 4. ad 3. Nempe ſeſquitertiam. Quod &c.

Propoſitio X.

PArabola ſeſquitertia eſt trianguli eandem ſibi baſim, eandemq; altitudinem habentis.

Eſto parabola ABC cuius diameter BD. Dico parabolam ABC inſcripti ſibi trianguli eſſe ſeſquitertiam.

Compleatur parallelogrammum ADBE, & niſi parabola ſeſquitertia ſit trianguli ſibi inſcripti, neque (ſumptis dimidijs) ſemiparabola ABD ſeſquitertia erit trianguli ABD; neque ſemiparabola ABD erit 2. tert. parallelogrammi ED, ſed vel plus, vel minùs quàm 2. tert. eiuſdem.

Eſto primùm ſi fieri poteſt ſemiparabola ABD magis quā 2. tert. parallelogrammi ED; & ponatur exceſſus æqualis ſpatio K. Ipſiq; ſemiparabolæ figura inſcribatur conſtans ex parallelogrammis æquealtis (more apud Geometras vſitato, prout factum eſt Lemmate XV.) ita vt differentia inter figuram inſcriptam, & ipſam ſemiparabolam minor ſit ſpatio K. Tunc enim inſcripta figura adhuc maior erit quàm 2. ter. parallelogrā mi ADBE.

Duca-

圖 7： *Opera Geometrica* 中證明圓柱與內切球體積的部分

五、結論

從數學史的角度來看，阿基米德已經掌握許多重要的數學概念，甚至有數學史家認為「即便是牛頓的數學，也只是阿基米德式的思維。」但其中的過渡，托里切利無疑地扮演了重要的角色。從現在數學的眼光來看，托里切利的證明過於陳舊，而且他只是將阿基米德已經證明的定理，利用卡瓦列利原理再次證明。不過，一方面，托里切利將阿基米德許多看似無關的證明，成功地做了連結，都使用拋物線的切線出發，結合卡瓦列利原理，比阿基米德的證明要快速許多，另一方面，他大膽使用卡瓦列利原理，促成後來微積分的發展，其劃時代的想法，可以說相當難得。

在科學史上，托里切利以發現真空之成就便可名垂千古。然而，托里切利在數學上所做的研究工作，也非常值得重視，因為他啟發我們數學知識統整之必要。

參考文獻

1 Leahy, Andrew (2014), "Evangelista Torricelli and the 'Common Bond of Truth' in Greek Mathematics", Mathematics Magazine 87(3) (June 2014): pp. 174–184

2 Segre, Michael (1991), *In the Wake of Galileo*. NJ: Rutgers University Press.

3 Torricelli, Evangelista (1644), *Opera Geometrica*.

4 內茲，諾爾 (Netz, Reviel, William Noel)（曹亮吉譯）(2007),《阿基米德寶典：失落的羊皮書》(*The Archimedes Codex: Revealing the Secrets of the World's Greatest Palimpsest*)，臺北：天下文化出版社。

5 艾米爾・亞歷山大（麥慧芬譯）(2014),《無限小：一個危險的數學理論如何形塑現代世界》(*Infinitesimal: How a Dangerous Mathematical Theory Shaped the Modern World*)，臺北：商周出版社。

6 陳為友、姜靜、馮學斌 (2001),《著名物理學家和他的一個重大發現》，新竹：凡益出版社。

7 網路資源：

http://www-history.mcs.st-and.ac.uk/Mathematicians/Torricelli.html

圖片出處

圖 1：Wikimedia Commons；作者：Daderot

圖 2：ECHO—Cultural Heritage Online；
版權：Max Planck Institute for the History of Science
網址：http://echo.mpiwg-berlin.mpg.de/MPIWG:WHZEF9W9

圖 5：ECHO—Cultural Heritage Online；
版權：Max Planck Institute for the History of Science
網址：http://echo.mpiwg-berlin.mpg.de/MPIWG:WHZEF9W9

圖 7：ECHO—Cultural Heritage Online；
版權：Max Planck Institute for the History of Science
網址：http://echo.mpiwg-berlin.mpg.de/MPIWG:WHZEF9W9

關孝和與祖沖之的邂逅

黃俊瑋

一、前言

在西方數學史上，偉大的阿基米德，從圓內接正方形出發，邊數逐次加倍，最後，先是證明了圓面積與兩股分別為此圓半徑與圓周長的直角三角形面積相等，再利用圓外切與內接正 96 邊形，證明了 $3\frac{10}{70}<\pi<3\frac{11}{70}$。而後，海龍 (Heron) 讓 $\frac{22}{7}$ 這個值廣泛地使用在許多實用的書籍中。而大約西元 150 年，希臘的天文學家托勒密使用 $\frac{377}{120}$ 作為近似值。大約西元 530 年的印度，數學家阿耶波多 (Aryabhata, 476–550) 則是使用 $\frac{62832}{20000}$ 為近似值[1]。在中算史這一方面，三國時代的趙爽在其《周髀算經》注之中，即指出「圓徑一而周三，方徑一而匝」，而劉徽（約 225–295）注《九章算術》時，先是證明了圓面積等

[1] 參考洪萬生、英家銘等譯，《溫柔數學史》(2008)，頁 109。

於半周半徑相乘，再進一步指明圓周與直徑之關係，並非「周三徑一」之率。同時，他利用割圓術得到「周率一百五十七，徑率五十」。

至於有關祖沖之的相關貢獻，我們則可以徵之於《隋書》記載：

圓周率三，圓徑率一，其術疏舛。自劉歆、張衡、劉徽、王蕃、皮延宗之徒，各設新率，未臻折衷。宋末南徐州從事史祖沖之更開密法，以圓徑一億為一丈，圓周數盈數三丈一尺四寸一分五釐九毫二秒七忽，朒數三丈一尺四寸一分五釐九毫二秒六忽，正數在盈朒二限之間。密率：圓徑一百一十三，圓周三百五十五；約率：圓徑七，圓周二十二。

顯然，西元五世紀的祖沖之，已經利用其密法（亦即割圓術），求得了圓周率介於 3.1415926 與 3.1415927 之間。當然其中的「密率：圓徑一百一十三，圓周三百五十五」和「約率：圓徑七，圓周二十二」，亦是圓周率的兩個重要而簡單的近似分數。

「圓周率」近似值的探求，是各個文明之中重要而待解的數學問題。有關圓周與直徑的比值，數學家們無法迴避以下兩個問題：

1. 這個比值是一個定值（或常數）嗎？
2. 如何求得其確切的或近似的值？

數學家必須先了解圓周率是一個定值之後，求其值或求值的方法才有意義。就如同祖沖之一樣，他勢必了解圓周與直徑之比值為一定值，才大膽地以「圓徑一億為一丈」的方式，以方便增加更多邊形的邊數來割圓求其周長，進而計算圓周率。而祖沖之所發現，這個既簡單卻又準確的近似分數，也受到中國古代曆算家的重視與應用❷。

二、「算聖」關孝和與圓周率

從上述故事，不難發現，圓的測量（求圓周率）一直是中國或其他國家的數學家們相當感興趣的問題，當然，日本的和算家們也不例外，其中，最重要的和算家，同時又被譽為「算聖」的關孝和（Seki Takakazu，約 1642–1708），應該也會對如何更精確地計算圓周率的近似值感興趣才是。關孝和究竟如何處理求圓周率的問題呢？在他的《括要算法》貞卷，便提出了下列的「求圓周率術」：

求圓周率術
假如有圓，滿徑一尺，則問圓周率若干。
答曰：徑一百一十三，周三百五十五。
依環矩術，得徑一之定周，而以零約術，得徑一百一十三，周三百五十五，合問❸。

首先，此一問題給定圓直徑為一尺，再問圓周率為何？當然，從後見之明來看，圓周率既為一常數，即不隨著圓的直徑大小而改變，關孝和顯然亦有此認知。因此，他以類似祖沖之的求解進路來求近似值。於是，他在問題中首先假設了「圓，滿徑一尺」。接著，關孝和便

❷例如劉歆制定《三統曆》時，就利用此一方法。
❸引自徐澤林，《和算選粹》(2008)，頁 220。

在「答曰」中，先給出了他所挑選出的答案：「徑一百一十三，周三百五十五」，此即為圓周與直徑之間的比例關係。然後，關孝和提出解決此問題的「術」（方法）——「環矩術」[4]，利用求圓內接正多邊形的方式，進而求得徑一尺時的「定周」長[5]。從「定周」兩字的用詞來看[6]，亦佐證他應當了解當直徑固定之後，圓的周長也隨之固定，即兩者的比值——圓周率亦為一定值。所以，題目給定「滿徑一尺」的用意，或許是為了割圓計算定周長（即直徑為一尺的圓之圓周長）上的方便，並為了利用日本當時的長度單位，進一步了解可以逼近「圓周率」到什麼程度而設。

在緊接的「第二，求定周」之中，他計算出定周為「三尺一寸四分一釐五毫九絲二忽六微五纖三沙五塵九埃微弱」。按此數據來看，他所計算出的圓周率，準確到小數點後十位[7]。而後，他便把「定周」這個近似值當作 π 來使用。有了此定周之後，再依「零約術」，進而求得了分母從一至一百一十三，共 113 個圓周率的近似分數，其中，最後一個「周率三百五十五，徑率一百一十三」是最接近「定周」的周徑之率，此即為關氏心中所滿意的答案。

---

❹環矩術即是關孝和的割圓術。

❺關孝和求得圓徑一尺之定周為三尺一寸四分一釐五毫九絲二忽六微五纖三沙五塵九埃微弱，即其求得圓周的近似值為 3.14159265359。

❻然而，這裡值得注意的是，關孝和的「定周」，指的並非等於 π，而是其求得最準確的近似值。

❼建部賢弘在《綴術算經》中提到關孝和以增約術求定周，「究得十五六位之真數矣」，然事實上，就關孝和在《括要算法》所列之「定周」與 π 相比，僅準確到小數點後十位。

接下來，他提出如何求圓面積的方法：

求積者，列圓徑冪，以周率三百五十五相乘，得數為實，列徑率一百一十三，四之，得四百五十二為法，實如法為一，得圓滿之積而已[8]。

上文的意思即為：圓面積等於圓的直徑的平方，乘上 355，再除以 4 倍的 113，亦即圓面積等於圓的直徑的平方乘上圓周率 $(\frac{355}{113})$ 再除以 4。這等價於現代中小學教科書中的常用公式，也顯示出有別於中國傳統「半周乘半徑」或「周徑相乘四而一」的特色。

以上便是關孝和的「求圓周率術」之相關問題與求解的方法概要。接下來，關孝和便開始著手說明如何利用「環矩術」來求得「定周」，進而得到圓周率近似值的方法與過程，以及他在《括要算法》貞卷所列出的 113 個圓周率的近似分數。

三、關孝和之圓率解

在《括要算法》之中，關孝和求圓周率的方法如下：

圓率解

徑一尺圓內如圖容四角，次容八角，次容十六角，次容五十二角。次第如此，至一十三萬一千零七十二角，各以勾股術求弦，以角數相乘

[8] 引自徐澤林 (2008)，《和算選粹》，頁 220。

之，各得截周。

各所得勾、股、弦及周數列於後[9]。

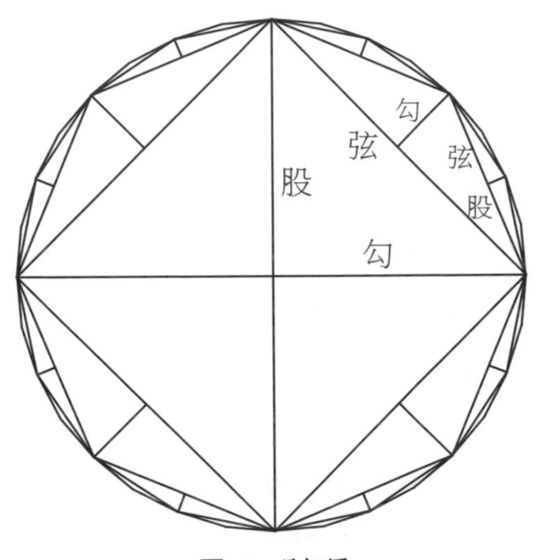

圖 1：環矩圖

四角

勾、五寸

股、五寸

弦、七寸〇七一〇六七八一一八六五四七五二四四微強

周、二尺八二八四二七一二四七四六一九〇〇九七六微強

八角

勾、一寸四六四四六六〇九四〇六七二六二三七八微弱

股、三寸五三五五三三九〇五九三二七三七六二二微強

[9] 引自徐澤林，《和算選粹》(2008)，頁 220。

弦、三寸八二六八三四三二三六五〇八九七七一七強

周、三尺〇六一四六七四五八九二〇七一八一七三八強

……

十三萬一千〇七十二角

勾、五厘七四四八六五八六二弱

股、二絲三九六八四四九八〇一五三三四強

弦、二絲三九六八四四九八〇八四一八二強

周、三尺一四一五九二五三二八八九九二七七五九弱[10]

從上述引文和圖 1 所示，可以發現關孝和求圓周率的方法「環矩術」，即為割圓術。首先，他給定一直徑為一尺的圓，接著造「四角」，即作圓內接正四邊形，求得「勾」、「股」與「弦」(即此正四邊形的邊長)，再將「弦」乘以四倍，即得周（即圓內接正四邊形的周長)。接著，再造「八角」即作圓內接正八邊形，再求得相對三角形之「勾」、「股」與「弦」(即此正八邊形的邊長)，再將「弦」乘以八倍，即得周（即圓內接正八邊形的周長)。如此，繼續割圓，依序造出正 2^n 邊形，直到造出「十三萬一千〇七十二角」，即內接正十三萬一千〇七十二邊形，求得弦長（即內接正十三萬一千〇七十二邊形之邊長）為二絲三九六八四四九八〇八四一八二強，再乘上 131072，得到內接正十

[10] 引自徐澤林，《和算選粹》(2008)，頁 220–221。此即為關孝和從正四邊形、正八邊形、正十六邊形共割至正十三萬一千〇七十二邊形，並各求得其對應的勾、股、弦、周之近似值。礙於篇幅，正十六邊形至正十三萬一千〇七十二邊形的相關數據在此省略之。

三萬一千〇七十二邊形之周長 3.141592532889927759 弱（尺）。

接下來，關孝和利用上述割圓求得了正 32768 邊形、正 65536 邊形以及正 131072 邊形的周長，並透過下述方式來求其「定周」：

第二　求定周

列三萬二千七百六十八角周與六萬五千五百三十六角周差，以六萬五千五百三十六角與十三萬一千〇七十二角周相乘之，得數為實。列三萬二千七百六十八角周與六萬五千五百三十六角周差，內減六萬五千五百三十六角周與十三萬一千〇七十二角周差，餘為法，實如法而一，得數加入六萬五千五百三十六角周，得三尺一寸四分一釐五毫九絲二忽六微五纖三沙五塵九埃微弱，為定周[11]。

這裡為了方便說明，我們假設關孝和計算出的正 32768 邊形的周長為 a、正 65536 邊形的周長為 b，以及正 131072 邊形的周長為 c。依據上述術文可知，實為 $(b-a)(c-b)$，法為 $(b-a)-(c-b)$，於是，定周即為：

$$\frac{(b-a)(c-b)}{(b-a)-(c-b)}+b=3.141592635359$$

此即為關孝和所求得徑為一尺時的圓周長，亦可視作為其所得之圓周率近似值。

[11] 引自徐澤林，《和算選粹》(2008)，頁 224。

關孝和利用了增約術得到上式[12]。首先，我們令 $a=p_{15}$（正 2^{15} 邊形的周長），$b=p_{16}$（正 2^{16} 邊形的周長），$c=p_{17}$（正 2^{17} 邊形的周長）。關孝和求定周公式的關鍵，在於假設了 $\{(p_n-p_{n-1})\}_{n=4,\,5,\,\cdots}$ 為一等比數列，即假設正 2^n 邊形的周長與正 2^{n-1} 邊形的周長之差，形成一等比數列，其中 $\dfrac{p_n-p_{n-1}}{p_{n-1}-p_{n-2}}=r$ 為其公比，因此，$\dfrac{c-b}{b-a}=\dfrac{p_{17}-p_{16}}{p_{16}-p_{15}}$ 亦等於公比 r。同時可得下列關係 $p_n-p_{n-1}=r(p_{n-1}-p_{n-2})$，並可得：

$$p_n-p_{n-1}=r^{n-17}(p_{17}-p_{16})=r^{n-17}(c-b)$$

又因為 $\pi=\lim_{n\to\infty}p_n$，則

$$\begin{aligned}\pi&=p_{16}+(p_{17}-p_{16})+(p_{18}-p_{17})+(p_{19}-p_{18})+\cdots\\&=b+\sum_{n=17}^{\infty}(p_n-p_{n-1})\\&=b+\sum_{k=0}^{\infty}r^k(c-b)\\&=b+\frac{c-b}{1-\dfrac{c-b}{b-a}}\quad\text{（增約術，無窮等比級數求和）}\\&=b+\frac{(b-a)(c-b)}{(b-a)-(c-b)}\end{aligned}$$

以上即為關孝和先割圓求得了正 32768 邊形、正 65536 邊形以及正 131072 邊形的周長之後，再利用增約術求定周的原理。此外，關孝和在求弧長、求立圓積時均使用了此一方法。

[12] 增約術即無窮等比級數求和方法。可參考徐澤林，《和算選粹》(2008)，頁 186。《括要算法》亨卷。

四、關孝和與祖率的邂逅

關孝和除了求得圓周率的近似值 3.141592635359 之外，他並進一步利用「零約術」，求得分母從一至一百一十三，共 113 個關於圓周率的近似分數。其術文如下：

第三　求周徑率
周率三、徑率一為初，以周率為實，以徑率為法，實如法為一，得數，少於定周者，周率四、徑率一，多於定周者，周率三、徑率一，各累加之，其數列於後[13]。

這就是關孝和「零約術」的原理。起初以周率三，徑率一出發，即以 $\frac{3}{1}$ 作為第一個近似分數，接著「以周率為實，以徑率為法，實如法為一，得數」，這個得數即「周數」。倘若周數比前節所計算出的「定周」來得小時，分母加上 1，分子加上 4，得到下一個分母為 2 的近似分數；若周數比「定周」大時，分母加上 1，分子加上 3，同樣得到下一個分母為 2 的近似分數。以下我們實際複製操作關孝和的「零約術」：

首先，「周率三，徑率一，周數三整」，由於 $\frac{3}{1} <$ 定周 $< \frac{4}{1}$，

[13] 引自徐澤林，《和算選粋》(2008)，頁 225。

因此，下一個近似分數即為 $\frac{3+4}{1+1}=\frac{7}{2}$。而三五整 $(\frac{7}{2})$ 即為關孝和所列的第二個周數，亦即得到「周率七，徑率二」。接著，由於 $\frac{3}{1}<$ 定周 $<\frac{7}{2}$，因此，第三個近似分數即為 $\frac{7+3}{2+1}=\frac{10}{3}$，而三三三三三三三三三三強 $(\frac{10}{3})$ 即為關孝和所列的第三個周數，亦即得到「周率一十，徑率三」。再接著，由於 $\frac{3}{1}<$ 定周 $<\frac{10}{3}$，因此，第四個近似分數即為 $\frac{10+3}{3+1}=\frac{13}{4}$，而三二五整 $(\frac{13}{4})$ 即為關孝和所列的第四個周數，亦即得到「周率一十三，徑率四」。以此類推，關孝和依此程序，求得了分母從一至一百一十三，共 113 個近似分數，並全數依序列於《括要算法》的《貞卷》之中。

有趣的是，在這一百一十三個周徑之率之中，關孝和也針對其中七個較特別結果，列出相關的數學家或名稱，包含

古法，周率三，徑率一[14]
密率，周率二十二，徑率七[15]
智術，周率二十五，徑率八[16]
桐陵法，周率六十三，徑率二十[17]

[14]《周髀算經》、《九章算術》等古書均用值。

[15]關孝和所稱之密率 $\frac{22}{7}$ 與祖沖之求得之「約率」相同。《算法統宗》與《算學啟蒙》等中算書皆稱此為密率。

[16]此處「智」指的是中國晉朝的天文學家劉智。《算法統宗》卷三列出此值，和算家關於此值的記載來自此書。

和古法，周率七十九，徑率二十五[18]
陸績率，周率一百四十二，徑率四十五[19]
徽率，周率一百五十七，徑率五十[20]

最後，當關孝和以零約術求得 $\frac{355}{113}$ 之後，便停止了這一程序：「如右求周數，至周三百五十五，徑一百一十三，而比於定周，雖有微不盡，欲令之適合，則周徑率及繁位，故以此而今為定率也。」可見，關孝和了解 $\frac{355}{113}$ 之近似程序，雖然與「定周」仍有所差，不過誤差已相當小，因此，以此「周徑之率：周三百五十五，徑一百一十三」作為常用而重要的「定率」。當然，此率即為我們所熟知的「祖率」，即祖沖之開圓所得之「密率」。

然而，關孝和既然點明了前述七個重要或特殊的「周徑之率」，為什麼他唯獨未提及「祖率」呢？從建部賢弘《綴術算經》的「探圓數，第十一」我們可以略知一二：

關氏碎抹圓而求定周，以零約術造徑周之率，爾後歷二十餘年，睹《隋志》，有周數、率數咸邂逅符合者。咨祖子也關子也，雖異邦異時，會真理相同，可謂妙也。

[17] 中國明代算書《桐陵算法》中採用的圓周率。
[18] 即毛利重能以後，江戶初期和算書中所採用的圓周率 3.16。
[19] 三國時期吳國的天文學家陸績。
[20] 三國時期魏數學家劉徽。

可見關孝和是用自創的零約術，重新「邂逅」了祖沖之的「密率：圓徑一百一十三，圓周三百五十五」與「約率：圓徑七，圓周二十二」。這也說明了為何前述關孝和會將其所探得之 $\frac{22}{7}$ 稱之為「密率」，而非以祖沖之的「約率：圓徑七，圓周二十二」來命名。同時，這也佐證了關孝和運用零約術造「周徑之率」時，並不知曉祖沖之的研究成果。無怪乎，建部賢弘嘆此異時異地的多元發現例子：「妙也!」

此外，這裡值得注意的是，此處依關孝和的零約術所造出的一系列近似分數，並非漸近分數，即誤差並未隨著造「周數」的過程而持續變小，例如「密率，周率二十二，徑率七」比下一個「智術，周率二十五，徑率八」來得精確。這是因為關孝和在造「周數」的過程中，不斷地將「原周數 $\pi_n=\frac{b}{a}$」與「定周」和 $\frac{3}{1}$、$\frac{4}{1}$ 兩數進行比較。若原周數 $\frac{b}{a}<$ 定周 $<\frac{4}{1}$，則新周數 $\pi_{n+1}=\frac{b+4}{a+1}$；若 $\frac{3}{1}<$ 定周 $<$ 原周數 $\frac{b}{a}$，則新周數 $\pi_{n+1}=\frac{b+3}{a+1}$，而非透過比較原周數 $\pi_n=\frac{b}{a}$、定周與新周數 $\pi_{n+1}=\frac{b+4}{a+1}$ 的方式，來造出寬度越來越小的區間套，使得新的「周數」的誤差值遞減。也因此，他所造的分數並未總是隨分母增加，而使得誤差值變小。

或許，關孝和造此術除了為找出最近似圓周率的分數，另一用意，也在為了連續地造出分數為所有自然數時的近似分數，如同其所列出分母從 1 至 113 共 113 個近似分數一般，也因此，便不在意「周數」的誤差，是否隨此程序而遞減了。

五、結語

在中日多次文化交流，特別是曆算書傳入日本的背景之下，《算法統宗》與《算學啟蒙》中有關圓的知識，奠定了早期圓理研究的基礎[21]。因此，我們不難想像關孝和會受到前輩們的影響，而採取與中國數學家們類似的方式，透過割圓，造圓內接正多邊形的方法來探求圓周率的近似值。

除了前述祖沖之以「圓徑一億為一丈」割圓密術，求得精確至小數點後 6 位的圓周率近似值之外，中國最早有 π 近似值的書籍是《周髀算經》與《九章算術》，所謂的「徑一周三」就是出自《周髀算經》，當時所取的值是 3。直到西元 1 至 5 年，劉歆替王莽製作嘉量斛標準量器時，發覺有估計得更精密的必要，才算出 3.154 之值，後世稱為「歆率」。張衡 (78–139)，後漢南陽人，是中國古代最偉大的天文學家，設計渾天儀和地動儀，算定圓周率為 $\frac{92}{29}$ 或 $\sqrt{10}$[22]。

中國的劉徽與希臘阿基米德一樣，皆曾割圓造正九十六邊形，求得精確至小數點後 2 位的圓周率近似值 3.14，在中國，後人稱之為「徽率」。劉徽後來繼續割圓下去，居然割成一個圓內接正三千零七十二邊形，求得更精密的值 3.14159。無獨有偶地，一千年之後，又出現了一位「瘋子」——趙友欽，把邊數增加到一萬六千三百八十四邊，

[21] 參考馮立昇，《中日數學關係史》(2009)，頁 147。

[22] 引自洪萬生，〈中國 π 的一頁滄桑〉，《科學月刊》，第八卷第五期。

驗證了祖沖之的密率 $\frac{355}{113}$ 是一項很傑出的估計[23]。而稍後法國的韋達，以阿基米德內接外接正多邊形的方式，造正 39316 邊形，準確至小數點後 9 位[24]。

然而，以此割圓術求圓周率的「效率」並不佳，準確的速度明顯跟不上割圓的邊數。關孝和活躍的十七世紀，也正是微積分誕生的時代，隨著微積分的發明與發展，利用分析學的手法，以有關於 π 的冪級數展開式，尋求快速收斂的級數，來求圓周率近似值，儼然已是無法避免的新趨勢。至此，也該是傳統「割圓術」慢慢淡出歷史舞臺的時候了。從關孝和或建部賢弘等後繼和算學家試造新術求圓弧長的方法來看，造各式冪級數展開式的方法，已慢慢成為和算學家們求圓數與求弧數的主流了。

「圓徑一百一十三，圓周三百五十五」，這一簡單而又精確的圓周率近似值，卻見證了關孝和與祖沖之這段相隔了一千二百年的「邂逅」，亦是數學家們心有靈犀，數學知識多元發現的又一寫照。

---

[23] 引自洪萬生，〈中國 π 的一頁滄桑〉，《科學月刊》，第八卷第五期。

[24] 參考洪萬生，《孔子與數學》，頁 127。

參考文獻

1 比爾・柏林霍夫、佛南度・辜維亞（洪萬生、英家銘暨 HPM 團隊合譯）(2008),《溫柔數學史：從古埃及到超級電腦》(*Math Through the Ages: A Gentle History for Teachers and Others*), 臺北：五南圖書出版社。

2 徐澤林 (2008),《和算選粹》, 北京：科學出版社。

3 洪萬生 (1999),《孔子與數學》, 臺北：明文書局。

4 洪萬生 (2006),《此零非彼 0：數學、文化、歷史與教育文集》, 臺北：臺灣商務印書館。

5 斯坦 (Sherman K. Stein)（陳可崗譯）(2004),《阿基米德幹了什麼好事》, 臺北：天下文化出版社。

6 馮立昇 (2009),《中日數學關係史》, 山東：山東教育出版社。

7 郭書春 (1995),《古代世界數學泰斗——劉徽》, 臺北：明文書局。

8 網路資源：

http://episte.math.ntu.edu.tw/articles/sm/sm_08_05_3/index.html

建部賢弘：承先啟後的和算家

林美杏
黃俊瑋[1]

一、前言

江戶時期的和算家中，最著名且最具代表性的便是關孝和，除了數學上的研究成果外，他建立了最大的和算流派——關流。於是，江戶時期的日本數學，在歷代關流數學家與其他非關流學派數學家的努力之下蓬勃發展，並形成獨特的數學文化風貌。

關孝和與其學生建部賢弘 (Takebe Katahiro, 1664–1739)，為十七世紀至十八世紀初期最重要的和算家，從過去國際學者們對和算史的相關著作與研究來看，主要以研究關流奠基者關孝和與建部賢弘為大宗。這些研究主要著重於此二人的生平、傳記以及算學成就，資料亦非常豐富。無論是關孝和的《三部抄》、《七部書》、《括要算法》等書

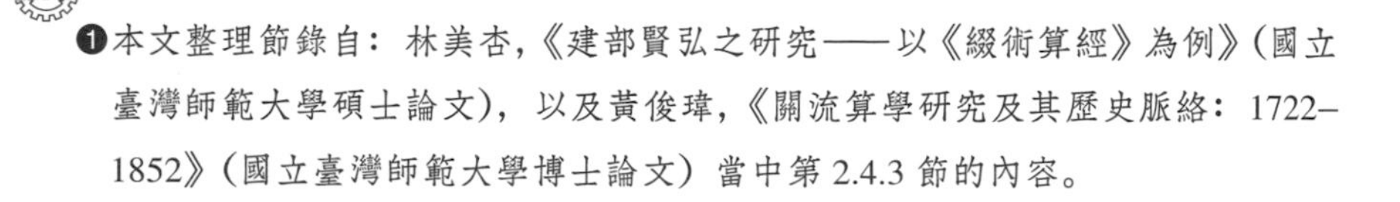

[1] 本文整理節錄自：林美杏，《建部賢弘之研究——以《綴術算經》為例》(國立臺灣師範大學碩士論文)，以及黃俊瑋，《關流算學研究及其歷史脈絡：1722–1852》(國立臺灣師範大學博士論文) 當中第 2.4.3 節的內容。

中的數學成就，又或者建部賢弘《綴術算經》之相關數學成就、數學研究方法，以及建部賢弘、建部賢明、關孝和三人所共同編著的《大成算經》內容，皆是過去以至近年和算研究者感興趣的研究重點。又如 Annick Horiuchi 所著的和算專書《江戶時期的日本數學 (1600–1868)：關孝和與建部賢弘的數學研究》，主要篇幅皆著重於關孝和與建部賢弘之相關研究與介紹❷。此外，徐澤林師徒三人有關和算史研究的總結著作《建部賢弘的數學思想》，收錄了他們過去研究建部賢弘的相關論著，作者以建部賢弘的數學思想為主題，在數學文本的深入解讀中，探索建部賢弘的數學認識論，以及中國宋明理學與心學如何影響建部的數學研究❸。

從過去中日學者豐碩的研究成果來看，關於建部賢弘乃至《綴術算經》的研究，似乎已沒有太多著力點。然本文中，試著再從幾個新面向切入，比較建部賢弘與其師關孝和的任職工作背景，以及在算學研究上的成果，並考察自《綴術算經》後與該書內容相關的和算文本，探討建部賢弘承先啟後的角色。接著，分析建部賢弘在《綴術算經》自注中，對和算前輩的一些評論與看法，提出相關論述。

❷參閱 Annick Horiuchi, *Japanese Mathematics in the Edo Period 1600–1868: A Study of the Works of Seki Takakazu (?–1708) and Takebe Katahiro (1664–1739)* (Springer Verlag, 2010.)

❸參閱洪萬生，〈簡介徐澤林等《建部賢弘的數學思想》〉，《HPM 通訊》，第 17 卷，第 7、8 期合刊。

二、建部賢弘的生平與相關著作

建部賢弘，幼名源右衛門，初名賢秀，賢行，源之進，後改名彥次郎，號不休。出生於德川幕府的文書世家，在武士世襲制度下，賢弘遂供職於幕府。建部賢弘 13 歲時，與其兄賢雄、賢明一道師從關孝和學算學。元祿三年 (1690) 成為德川綱豐 (Tokugawa Ienobu, 1662–1712) 的家臣北條源五右衛門之養子，改名源之進。元祿五年受召於德川綱豐，從此也加深了建部賢弘與德川幕府的關係。1716 年，八代將軍德川吉宗 (Tokugawa Yoshimune, 1684–1751) 繼位後，建部被列為寄合，並得到吉宗的信任，擔任幕府天文曆學顧問。1719 年，奉吉宗之命測繪日本全國地圖。1723 年，完成全國地圖之測繪工作，並因而受賞。另一方面，由於改曆的需要，德川吉宗也在建部賢弘和其弟子中根元圭 (Nakane Genkei, 1662–1733) 建議下頒布緩禁令，允許西方天文曆算及測繪方面的書籍輸入日本。由上述史實不難發現建部賢弘受德川吉宗之重用，以及他們彼此的密切關係❹。

建部賢弘在早年的數學學習生涯，刊刻了三本書。首先，他於 1683 年著《研幾算法》，解答《數學乘除往來》當中的遺題。接著，於 1685 年著《發微算法演段諺解》，以及 1690 年著《算學啟蒙諺解大

❹有關建部賢弘的詳細生平可參考林美杏，《建部賢弘之研究——以《綴術算經》為例》。以及徐澤林，〈綴術算經提要〉，《和算選粹》，頁 252–255。

成》，分別為關孝和的《發微算法》以及朱世傑的《算學啟蒙》作諺解。從 1690 年代開始，建部賢弘投入了《大成算經》的編著工作，直至 1711 年此書終告完工。上述所有書籍著作之目的，主要是為他人著作諺解，或者完成關流內部數學知識的整理工作。一直到 1722 年成書的《綴術算經》，才是建部賢弘最重要的代表之作。該書內容承襲先人研究成果，並多有創新突破性的觀點與想法，影響了往後的和算發展。建部賢弘除了藉此書闡明其數學學習觀、數學知識分類以及數學研究的方法之外，並將此書獻給德川吉宗。

其他諸如《辰刻愚考》(1722)、《歲周考》(1725)、《累約術》(1728) 等建部賢弘的數學著作，皆成書於 1722 年之後。主要是因為 1721 年建部賢弘任職於本丸與西丸兩城之御留守居，雖為布衣，實為閒職，遂利用這段閒逸時間，整理自己的數學研究成果[5]。

---

[5] 參閱徐澤林，〈綴術算經提要〉，《和算選粹》，頁 252–253。

三、建部賢弘與關孝和學術研究之比較

筆者考察整理了建部賢弘與其師關孝和的重要事蹟、年代與著作，進一步將同為幕府武士的兩人於歷代將軍在位時之任職狀況，整理成表 1：

表 1 關孝和與建部賢弘任職年表[6]

建部賢弘	歷代將軍	關孝和
1692—綱豐家臣。 1703—綱豐重新徵召其任御納戶[7]。 1704—隨綱豐移居西丸，列為綱豐之御家人，任西丸御廣敷之副官[8]。 1707—任西丸御納戶番士。 1709—晉為西丸御小納戶。	綱豐（家宣） (1662–1712) 在位：1709–1712	1676—仕於宰相綱重。 1678—綱豐家臣，任勘定吟味[9]。 1704—隨綱豐移居西丸，擔任御納戶組頭[10]。 1706—辭職而為小普請，負責管理工程與技工[11]。 1708—歿。
1714—官品達六位。 1715—身份升格為御目見上[12]。	家繼 (1709–1716) 在位：1713–1716	
1716—列為寄合，擔任幕府天文曆學顧問[13]。 1719—測繪日本全國地圖。 1720—因繪地圖需要，從事檢地工作。 1721—開始任職本丸與西丸之御留守居。 1730—調任為御留守居番[14]。 1732—改為廣敷御用人[15]。 1733—退職隱居，被賜為寄合。 1739—歿。	吉宗 (1684–1751) 在位：1716–1745	

❻本表引自林美杏,《建部賢弘之研究——以《綴術算經》為例》, 表 3–4。表中歷代將軍年代係參考大石慎三郎 (2011) 之《德川十五代》書中之分類。另外, 有關事蹟、年代與著作之更詳細內容, 因篇幅所限省略之, 有興趣的讀者可參閱該篇論文的附錄。

❼御納戶 (納戶), 江戶時代幕府武士職稱, 主要負責將軍家的金銀、服飾、調度的出納, 掌管大名、旗本以下官員進貢物品或賞賜物品。(引自徐澤林譯注,《和算選粹》, 頁 252。)

❽西丸, 即「西の丸」, 位於江戶城西部, 將軍世子的居所, 與將軍的隱居所, 今東京都內皇居所在地。御家人, 指江戶幕府將軍直參武士中, 不具備抬頭看將軍資格的人。御廣敷, 江戶城之本丸與西丸中後宮之一部門。(參閱徐澤林譯注,《和算選粹》, 頁 71、252。)

❾勘定吟味, 江戶幕府的職務名稱。受「老中」支配, 檢查勘定所中的一切事務, 將奉行以下的各官吏的違法行為報告給老中, 也對勘定所議定之幕府預算進行審計。(引自徐澤林譯注,《和算選粹》, 頁 71。)

❿御納戶組頭, 乃下級武士之職, 負責管理幕府生活物品。

⓫小普請, 屬俸祿三千石以下的非任職者。普請, 江戶時代幕府武士職稱, 為負責與建宅邸、土木工程之「普請奉行」的手下。

⓬御目見上, 江戶幕府將軍直參武士中, 俸祿一萬石以上, 具有抬頭看將軍資格的人。一般是「旗本」。(引自徐澤林譯注,《和算選粹》, 頁 253。)

⓭寄合, 江戶幕府的旗本中, 俸祿三千石以上的非任職者, 受「年若寄」支配。(引自徐澤林譯注,《和算選粹》, 頁 253。)

⓮御留守居番, 幕府武士職名。負責值夜的大奧警備和內務官職, 俸祿為 1000 石。大奧, 指將軍夫人御臺所及側室居住的地方, 禁止男性進入。(參閱徐澤林、周暢、夏青,《建部賢弘的數學思想》, 頁 63。)

⓯廣敷御用人, 負責御廣敷的庶務、會計等職責。(參閱徐澤林、周暢、夏青,《建部賢弘的數學思想》, 頁 63。)

透過表 1 的整理與比較，一方面能對建部的生平與任職背景有初步的認識，同時，也有助於了解建部賢弘與關孝和之間的關聯。此外，我們可以發現，關孝和與建部賢弘皆位居德川幕府之要職，他們對於和算的推動，應該具備一定的影響力。同時，由於這些職務多與算學有關，顯現出他們因為數學方面的才能，得以受聘作為家臣，取得謀生機會。

至於表 2 的內容，乃是建部賢弘與關孝和在算學研究上的比較，由此可看出建部賢弘一方面繼承了關孝和的研究問題，同時也在許多方面取得了突破性的發展。

表 2　建部賢弘與關孝和之比較表（以《綴術算經》為例）[16]

比較項目	關孝和	建部賢弘
增約術	增約術	累遍增約術
招差法	累裁招差法	方程招差法
適盡諸級法	適盡諸級法	將其中之適盡方級法與求極值問題連結
計算圓周率方面	透過「周長」來逼近 利用增約術 精確到小數點後第 10 位[17]	透過「周長冪」來逼近 利用累遍增約術 精確到小數點後第 40 位
計算弧長方面	招差法	累遍增約術、零約術
弧長展開式	有限項	無限項
球表面積	視錐法	薄皮饅頭法
和算中所扮演的角色	開拓者	建設者

[16] 本表引自林美杏，《建部賢弘之研究——以《綴術算經》為例》，表 5–1。主要依據徐澤林、周暢，〈建部賢弘的業績與關孝和的影響〉，《內蒙古師範大學學報（自然科學漢文版）》這篇論文中的表格增加與修改而成。

例如求球表面積時，關孝和所用「視錐法」，主要沿襲中算傳統，透過幾何變換的方式將球變換成錐形，快速地求得球表面積公式。雖然建部認為這個方法優於自己的「薄皮饅頭法」，但關孝和的方法並不具備一般性，反倒是建部的方法不僅可解決更一般性的問題，之中還隱含了現代微積分的想法[18]。

又例如建部賢弘在「探圓數」中提到：

始關氏理會以增約術求定周，一遍而止，故至十三萬千七十二角求截周，究得十五六位之真數矣。今探會用累遍增約之術，至千二十四角求截周冪，究得四十餘位之真數[19]。

由此可知，在計算圓周與弧長方面，建部賢弘將關孝和所用的增約術推廣至累遍增約術，進而求得更加精確的圓周率近似值，準確至小數點後第 40 位，大大超越了關孝和的研究成果。而此累遍增約術同樣也被建部用於弧背的計算中，並在弧長近似值的計算上取得突破。

此外，建部賢弘在「探弧數」中提到：「故往歲關氏改造弧率再次，吾亦重新改造一次，皆不精，而其術廢。」[20]可看出因關孝和的方法以及建部賢弘先前改良的方法所造出之弧長公式都不夠精確，特別

[17] 建部賢弘認為關孝和所計算的圓周率近似值準確至小數點後第 15–16 位，不過據關孝和《括要算法》求定周所列結果，僅精確至小數點後第 10 位。

[18] 徐澤林等學者將建部的方法稱為「薄皮饅頭法」。

[19] 參閱建部賢弘，《綴術算經》。（引自徐澤林譯注，《和算選粹》，頁 276。）

[20] 參閱建部賢弘，《綴術算經》。（引自徐澤林譯注，《和算選粹》，頁 278。）

是當矢長較長時，誤差更明顯，因此，建部著手探索改良新法：以「矢徑差除求差者」。然而，他也評論：「此術合半圓時，於矢之多者用其二差盡三位，用三差盡四位，用四差盡五位。每增用一差（多）盡一位者也。」[21]即該公式每多增加一項，準確值只增加一位，精確度亦不佳，因此他再進一步發展出「探除法用據矢段數」的方式，並評論：「此術，用二差，所盡及原數之五差；用三差，所盡及原數之八差。故以其三差之術合半圓時，察（得）於矢之多者，當盡十許位，即立六件之限求率數，為總術。」[22]至此，建部賢弘才終於對弧長公式的精確程度感到滿意，以後見之明來看，建部賢弘的確超越了關孝和的成就。

四、建部賢弘之啟後角色

建部賢弘的《綴術算經》除了本身的學術價值外，更進一步提供了和算家新的研究方向。這點我們以書中兩個例子來說明，其一是《綴術算經》第 6 問的極值類問題，其二是第 12 問之圓理綴術引發求弧背、圓周之冪級數展開式之發展。

《綴術算經》第 6 問及當中所使用的「適盡方級法」，分別是與極值有關的問題和方法，自《綴術算經》之後，和算家們關於極值類問題的著述豐富，其中，以極值問題為主題的著作包含下面幾本書：久

[21] 參閱建部賢弘，《綴術算經》。（引自徐澤林譯注，《和算選粹》，頁 281。）「矢之多」指弓形之矢長較長時。

[22] 參閱建部賢弘，《綴術算經》。（引自徐澤林譯注，《和算選粹》，頁 283。）

留島義太 (Kurushima Yoshihiro, ?–1757) 的《久留島極數》(未刊刻) 與《久氏遺稿・地之卷》(未刊刻)、藤田貞資 (Fujita Sadasuke, 1734–1807) 的《極數》以及會田安明 (Aida Yasuaki, 1747–1817) 的《算法極數術》等，這些都是極值問題的相關專書。另外，小出兼政 (Koide Kanemasa, 1797–1865) 的《圓理算經》(1843) 之〈統元之卷〉，將「極術」列為圓理八問之一。而齋藤宜義 (Saitou Gigi，生卒年不詳) 的《算法圓理鑑》(1834)，亦將圓理問題分為八類，其中的「原題」類包含了極數類問題。由此可見，在《綴術算經》後，與極值相關的研究蓬勃發展。

另外，建部賢弘在《綴術算經》中首開冪級數展開式公式，引發後續和算家對於求弧背、圓周之冪級數展開式以及各類方圓相關問題之研究。例如：蜂屋定章的《圓理發起》(1728)，久留島義太的《久氏弧背草》，松永良弼 (Matsunaga Yoshisuke, 1692?–1744) 著作的《方圓算經》(1739)、《立圓率》、《圓周率》、《方圓雜算》，山路主住 (Yamaji Nushizumi, 1704–1773) 的《算法弧背詳解》，以及安島直圓 (Ajima Naonobu, 1732–1789) 的《弧背術解》等著作，其內容都是與求圓周率、弧、矢、弦以及圓內接、外切正多邊形等方、圓問題有關，並求得了相關展開式。換言之，自建部之後，很多的和算家對這些主題產生了興趣，可顯示出建部賢弘此書對於往後和算發展的重要性。

除此之外，《綴術算經》書中討論了垛積問題，而建部之後的和算家，包含久留島義太《開方和術》與松永良弼的《算法全經・垛積》、《太陰率》等書，都再對垛積問題作了更進一步的研究與推廣。而《綴術算經》中討論的開方問題，在松永良弼與安島直圓時，也承續了建部造綴術的想法，創造出「開方綴術」，例如松永良弼的《算法綴術草》與安島直圓的《綴術括法》，進一步發展出指數為負數以及有理數時的冪級數展開式。從這些例子不難了解，建部賢弘這本著作的確引領了後續和算家的研究方向。

五、《綴術算經》的體例特色與展現的數學高觀點

《綴術算經》是建部賢弘於五十九歲時的著作，雖被譽為和算史上最傑出的數學作品之一，然並未刊刻，是以抄本傳世。其內容共包含以下五個部分[23]：

- 自序。
- 探法則四條：探乘除法，第一；探立元法，第二；探約分法，第三；探招差術，第四。
- 探術理四條：探織工重互換術，第五；探直堡求極積術，第六；探算脫術，第七；探求球面積術，第八。
- 探圓數四條：探碎抹數，第九；探開平方數，第十；探圓數，第十一；探弧數，第十二。
- 自質說一條。

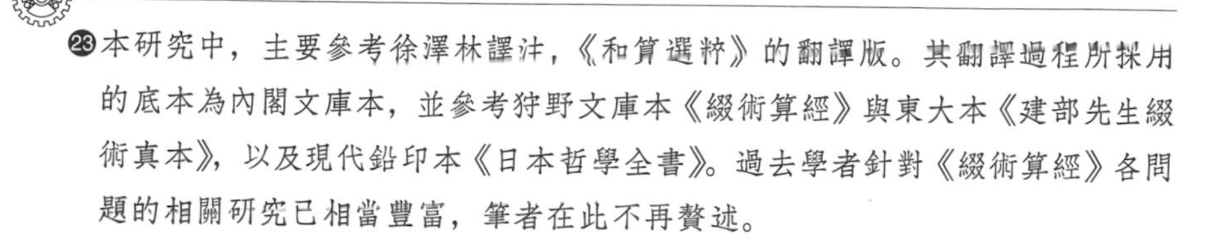

[23] 本研究中，主要參考徐澤林譯注，《和算選粹》的翻譯版。其翻譯過程所採用的底本為內閣文庫本，並參考狩野文庫本《綴術算經》與東大本《建部先生綴術真本》，以及現代鉛印本《日本哲學全書》。過去學者針對《綴術算經》各問題的相關研究已相當豐富，筆者在此不再贅述。

筆者將《綴術算經》十二個問題之內容編排結構，整理成圖 1。我們可以發現《綴術算經》的內容編排分成兩種格式：

第一類的問題仍列出了「題一答一術」，而建部在提出「數學問題」給予「答曰」之後，進一步討論了其探法或探術的想法（偶會穿插舉例說明，例如：第 2 問「探立元之法」），並對該題使用到之相關數學方法提供自己的分析與比較。接著，再於「解題本術」或「解題演段術」或「求限本術」之中，總結出其所探得之一般化的算則或公式。最後，則是加上建部賢弘本身對此問題或相關方法的評論與算學觀點。「探法則」、「探術理」兩個主題，皆屬於此類作法，而「探圓數」中的第 10 問「探開平方數」，亦如是。

另一類的問題，格式大異於前。例如，第 9 問「探碎抹數」、第 11 問「探圓數」、第 12 問「探弧數」，這幾個問題中並未提出「具體」的數學問題，反以討論解決該抽象問題（例如：如何求圓周率、如何求球體積、如何求弧背等）的一般性方法為主要目的。此類型的共同點是一開頭並未直接給予數學問題，而是討論如何找出一般性方法或探討問題之想法。同樣地，建部賢弘除了介紹解決的程序法則或想法之外，亦提出他在方法論上的相關評論與自身的算學觀點。由此可反映出建部賢弘不局限於解題的層次，而是從數學研究的高觀點出發，同時展現出教導學算者如何解題以及從事數學研究的關懷。

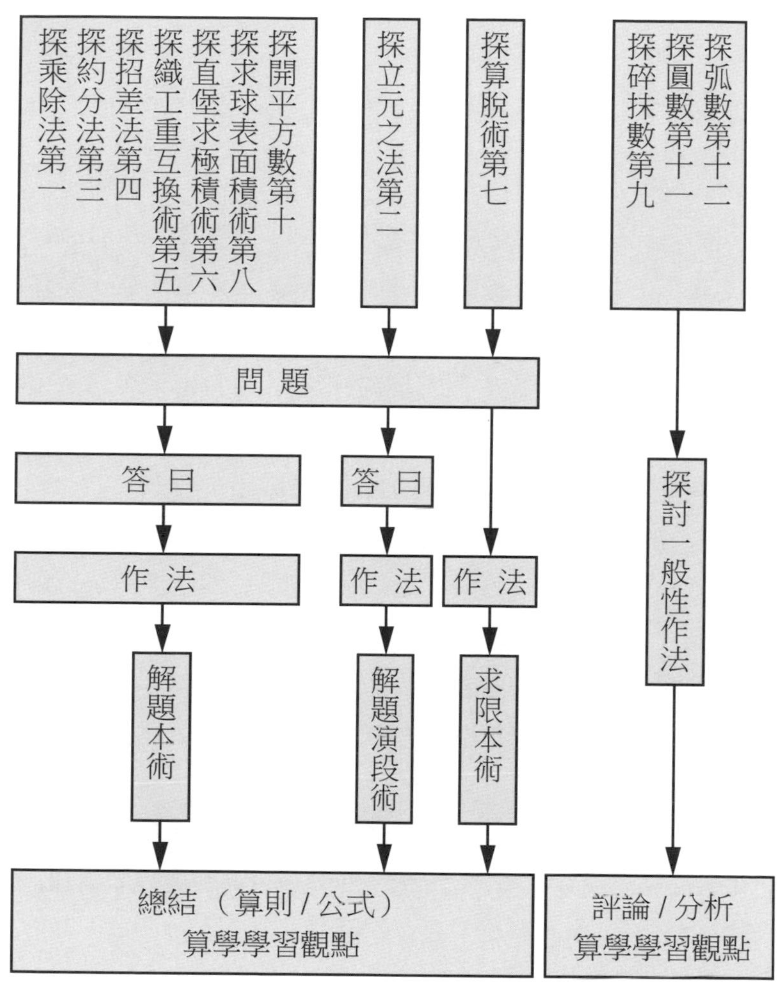

圖 1：《綴術算經》十二問之體例與內容編排結構[24]

[24]圖引自林美杏，《建部賢弘之研究——以《綴術算經》為例》，圖 5.1。

六、建部賢弘對算學前輩的推崇

建部賢弘師從關孝和，從《綴術算經》的自注中，我們可看出他對關孝和與其兄建部賢明之推崇。建部賢弘多處表達、流露出對其師與其兄之敬佩，並謙稱自己資質與能力駑鈍。例如建部在「探立元之法」中提到：「關氏孝和，吾師矣，曾據立元法，更設真假，立解伏題之法則也，是已可謂神也。」[25]從建部的形容，可看出他對關孝和數學研究成就的敬嘆。又例如「探圓數」中，建部引《隋書》內容並評論道：「關氏碎抹圓而求定周，以零約術造徑周之率，爾後歷二十餘年，睹《隋志》，有周數、率數咸邂逅符合者。咨祖子也關子也，雖異邦異時，會真理相同，可謂妙也。」[26]此處他以祖子、關子等語敬稱兩位算學前輩，足可見此二人在建部賢弘心中的崇高地位，以及為建部在學習算學上所帶來之影響。建部賢弘並且對於祖沖之與關孝和這兩位異時異邦的數學家，分別利用不同方法來領會「數學真理」的這一多元發現歷程極為讚嘆。

在「探求球面積術」中，建部賢弘對關孝和求球表面積方法提出評論：「關氏曰：理會萬法，以視形立道條為原要。此乃不為探，自首會真術之奧旨也。乃後之術，察球之形，以中心為極，視作錐形，即視形立道條而不探，直理會真術也。故以初始之術為下等也。」[27]關孝

[25]參閱建部賢弘，《綴術算經》。（引自徐澤林譯注，《和算選粹》，頁 268。）
[26]參閱建部賢弘，《綴術算經》。（引自徐澤林譯注，《和算選粹》，頁 277。）

和主要是利用圖說的直觀方式，找到球表面積與球體積之間的關係，進而求得球表面積公式，當建部賢弘對比自己與關氏的方法時，可看出他對關孝和的方法甚感讚嘆[28]。建部其後又云：「仔細想來，關氏為生知而冠於世矣……以是省思，吾生得之本質，比諸孝和落後，為其十分之一者。」[29]同樣表達出對關孝和之崇敬，以及自身之謙遜。然而，建部賢弘推崇其師關孝和之餘，其研究成果並非完全侷限在關氏的成就框架之下，反而在關氏研究的基礎上，進一步得到突破與進展。

而後，建部賢弘又在「自質說」之中提到：「意吾自學算（以來），常不安行而苦於算法久矣。蓋其未盡自己之質分故也。徐及六旬，實識得此自生得本質之偏駁，而肯從算數之質。」[30]我們可以想見，建部賢弘並未因自己的研究或著述而志得意滿，反而處處顯露出謙虛之情，將成就歸功於努力不懈而非天質聰穎，而為文時亦常表達出對前人的欽佩與讚嘆。另外，在「探算脱術」中，他亦推崇其兄的天資：

㉗參閱建部賢弘，《綴術算經》。（引自徐澤林譯注，《和算選粹》，頁 274。）關孝和是透過下述方式求球表面積：「將球心視作錐尖，球半徑視作錐高，球積視作錐積，積乘錐法三，以錐高除，得錐面之積，便為球面之積。」

㉘然而，就後見之明來看，關氏之法固然巧妙，但建部賢弘的求解方法，實已接近於今日微積分的想法，是為更具一般性的理論與方法。

㉙參閱建部賢弘，《綴術算經》。（引自徐澤林譯注，《和算選粹》，頁 274。）生知即指生而知之，亦即天賦、天性聰明，與生俱來地通明道義。

㉚參閱建部賢弘，《綴術算經》。（引自徐澤林譯注，《和算選粹》，頁 284。）偏駁與純粹相對。建部賢弘意指自己屬於天生資質較差，但卻願意努力、花苦心學習算學的人。

算脫術，兄賢明所探會也。賢明生知亞於孝和，因其稟受之氣情最怯弱而常病日多，曾欲作五斜括術，而甚繁雜，雖言及萬位，日造百位，徐而百日而畢，結果月餘而悉得成矣[31]。

因此推想，他是在與其兄學習研究算學的過程中，感受到其兄過人的天資與亞於關孝和之優秀的計算能力。此總總或許為建部賢弘習算的過程中帶來些許砥勵，亦為往後的學習和研究歷程，帶來深遠的影響。建部賢弘對其師與其兄在數學成就與天資能力上的讚嘆與景仰，恰反映出精於數學者在當時數學學術圈所擁有的聲望與崇高地位，而學術社群成員的地位提高，往往也與數學這門學問，在學術地位上的提升有著密切關聯。

七、結語

從建部賢弘與關孝和相關研究成果的比較來看，的確可看出建部賢弘在算學研究上的承先角色，同時也展現出他超越前人的突破性成果。另外，極值問題以及探弧數所涉之弧長無窮級數公式等，為十八世紀關流和算家在弧、矢、弦、距面弦、角術與極術等圓理問題研究上，開啟嶄新的方向，成為 1722 年之後的圓理研究重心，最終也發展出豐富的圓理研究成果，顯示出建部賢弘的啟後角色。

[31] 參閱建部賢弘，《綴術算經》。(引自徐澤林，《和算選粹》，頁 273。)

最後，從建部賢弘對其師與其兄等前輩的推崇與讚美之語，以及相關研究成果的比較來看，不啻反襯出建部賢弘個性上的謙遜。同時，也說明精於數學者在江戶時期數學學術圈所擁有的聲望與崇高地位。此外，也佐證了江戶時期數學學術地位的提升，為學習數學提供了正當性，也為十八世紀之後的和算發展，營造了有利的社會環境。

參考文獻

1 Annick Horiuchi (2010), *Japanese Mathematics in the Edo Period 1600–1868: A Study of the Works of Seki Takakazu* (?–1708) *and Takebe Katahiro* (1664–1739). *Springer Verlag.*

2 大石慎三郎主編（孫雪靜譯）(2011),《德川十五代》，北京：吉林出版集團有限責任公司。

3 林美杏 (2013),《建部賢弘之研究——以《綴術算經》為例》，國立台灣師範大學碩士論文。

4 洪萬生 (2014),〈簡介徐澤林等《建部賢弘的數學思想》〉,《HPM 通訊》，第 17 卷第 7、8 期合刊。

5 徐澤林 (2013),《和算中源——和算算法及其中算源流》，上海：交通大學出版社。

6 徐澤林譯注 (2008),《和算選粹》。北京：科學出版社。

7 徐澤林 (2009),《和算選粹補編》。北京：科學出版社。

8 徐澤林 (2013),《建部賢弘的數學思想》，北京：科學出版社。

9 黃俊瑋 (2014),《關流算學研究及其歷史脈絡：1722–1852》，國立台灣師範大學博士論文。

和算家會田安明的數學競技標準

黃俊瑋

一、會田安明的和算脈絡

比較起同一時代的中國與韓國，江戶時期的日本，由於寺子屋、算學道場乃至藩校的設立，再加以數學流派林立，使得當時的數學教育普及，數學研究蓬勃發展。其中，由關孝和所創立的數學流派——關流——建立了學習與知識傳承的相關制度，代代相傳，可謂當時最負盛名、最龐大，且影響最深遠的數學流派。一開始，和算流派無論是招收門徒或知識的授予上，主要都是透過祕傳的方式，一直到了十八世紀中期過後，隨著和算家有馬賴徸 (Arima Yoriyuki, 1714–1783)，刊刻《拾璣算法》公開關流祕傳知識，加上同一時期的重要關流和算家藤田貞資，著作《精要算法》一書，因而促進了和算的普及。就在關流數學逐步走向公開、普及的時代，另一位數學新星——會田安明 (Aida Yasuaki, 1747–1817) 也跟著走上和算的歷史舞臺。

會田安明，幼名重松，通稱算左衛門，字子貫，號自在亭，延享四年 (1747) 2 月 10 日出生於山形縣附近前明石村的一戶農家裡，當他的父親內海重兵衛，搬至山形七日町後，他改姓會田❶。在《算法天生法發端》一書的自序中會田安明提到，他十六歲 (1762) 時進入岡崎安之所建立的「中西流」算塾學習數學，在不到兩年的時間裡，他便學完了簡單的八算與較困難的天元演段，盡通岡崎之學。後來他也成為該算塾的師範代，擔任該算塾的教學工作❷。由此可見，會田安明在數學上的確具有不錯的天分。後來，他為了進一步研究數學之故，於 1769 年（明和六年），進入江戶旗本鈴木家❸，此後，改名鈴木彥助（有時亦稱鈴木安明），後來又擔任過御普請的工作❹，參與過關東幾處治水工程❺。

會田安明初學中西流，並展現他的算學天分與學習能力。當他進入江戶之後，本欲投入關流並拜於藤田貞資門下，然而，他與關流家藤田貞資、神谷定令的一場數學「交流」中擦出火花。在此因緣際會

❶關於會田安明的出生地，學術界曾經出現四種不同說法，而這裡據張娜與徐澤林的研究指出從會田安明著書落款、明石內海家所藏的抄本《自在物談》序文以及山形縣縣立圖書館題為〈會田算左衛門先生事蹟〉的調查報告，認為其應出生於現在的山形市。

❷參考徐澤林，《和算選粹》，頁 39–40。

❸旗本，江戶時代將軍的家臣，是地位僅次於大名的高級武士，具有覲見將軍的資格。祿米在五百石以上，一萬石以下。

❹御普請為江戶時期官職，主要負責監督管理建築工程。

❺參考張娜、徐澤林，〈《算法天生法指南》之中日版本比較〉，《廣西民族大學學報（自然科學版）》(廣西：天津師範大學，2007)，13(2)。

之下，會田安明打消了加入關流的念頭，而後，會田安明一方面反而潛心專研藤田貞資的《精要算法》，並發現該書中的缺點，於 1785 年刊刻《改精算法》一書，糾正藤田貞資《精要算法》一書中的缺失，針對該書中所列不佳的問題與術文，提供新的解法與評論。另一方面，會田安明自行創立了另一個重要的和算流派——最上流。「最上」一詞本有最好、最佳之意，可見會田欲以其最上流與關流較勁的意味，此外，也有人認為此流派的命名與會田安明故鄉的「最上川」有關。

而會田安明著書評論關流《精要算法》的舉動，也引發關流與最上流之間長達二十多年的數學論戰，1785 年拉開了論戰的序幕後，雙方你來我往，不斷地著書抨擊、評論對方算書中不佳的問題、解法，並且回應對方的評論以及闡述各自對算學的見解。其中，關流一方以藤田貞資與神谷定令為主，而最上流則是會田安明獨挑大樑，這場數學論戰直至 1806 年藤田貞資死前一年方告終止。

從會田安明的著作來看，進入江戶後似乎並未隨師學習，而是獨自進行研究，但有傳言，稱他曾追隨關流本多利明（Honda Toshiaki，約 1744–1821）學習，從本多利明處得以見識關流傳書[6]。另外，會田安明也自稱受《拾璣算法》影響很大[7]，由此看來，他的算學與關流具有一定的關係。會田安明誇稱自己發明的「天生法」，可應用於《算法天生法指南》一書所有問題的解答中，而「天生法」與關流「點竄」在記法和術語上存在些許的差異[8]。

[6] 參考日本學士院編，〈第三卷〉，《明治前日本數學史》（東京：野間科學醫學資料館，1979），頁 71。

[7] 參考日本學士院編，〈第三卷〉，《明治前日本數學史》，頁 485。

論戰發生前，會田安明曾於 1784 年（天明四年）刊行《當世塵劫記》，並於同年春天撰著《諸約混一術》一書，翌年始著述前述之《改精算法》。到了 1787 年（天明七年），德川家濟成為十一代將軍，對幕府官員、役人進行了大調整，會田安明被免職成為浪人[9]，時年 41 歲。自此，他又恢復了本姓會田，名為會田算左衛門，開始全心投入數學研究和數學教育活動中，一生算學相關著述達一千餘卷，現有 600 餘卷傳世，是江戶時期最多產的和算家之一。他於 1817 年（文化十四年）歿，享年 70 歲。

二、算額與數學競技

江戶時期日本的寺廟及神社兼有教化的功能，當時，學習與研究和算的人，為了能夠順利地進行數學研究，並且希望自己數學能力不斷提高而向神佛祈願，他們將自己設計的算題與圖形畫在匾額上，向神社佛閣奉納，一方面因解出數學問題而感謝神佛恩賜，同時也展現出自己的研究成果，特別是將自己設計創造的算題、術文與圖形公諸於世。此外，當時的和算家們，也會透過奉納算額，提出自己所設計的數學問題，來徵求其他和算家的解答。換言之，算額奉納除了作為和算家著書之外的另一種重要發表方式與宣傳媒介外，亦帶動了不同流派或和算家之間進行算額競技的風氣，促進和算流派之間的交流，

[8] 參考張娜、徐澤林，〈《算法天生法指南》之中日版本比較〉，《廣西民族大學學報（自然科學版）》（廣西：天津師範大學，2007），13(2)。

[9] 參考烏雲其其格，《和算的發生——東方學術的藝道化發展模式》，頁 182。

形成一種獨特的知識傳播與交流方式。

除北海道地區沒有發現算額外，日本全國幾乎所有地區都出現過算額。根據 Eiichi Itō 等人的統計，總計這段時期於日本總共呈獻了 2625 塊算額，但由於火災、氣候和損毀或遺失等因素，時至今日僅存 800 餘片。以奉獻數量最多的東京而言，本來有 385 片，但現存不過 17 片。至於算額最早何時出現，今已不可考，有關算額最古老的記錄可回溯至 1657 年，但現存最古老之算額則源自 1683 年[10]。從村瀨義益（Murase Gieki，生卒年不詳）的《算學淵底記》(1681) 可以窺知，江戶時代中期的寬文年間 (1661–1673) 就已經開始形成這種風尚。再從《算學淵底記》所介紹，根據懸掛於「武州目黑不動尊」的算額問題，我們可以推測京都、大阪等地或許更早就有算額了。

另一方面，隨著和算於十八世紀中後期，開始普及化並逐漸深入民間，算額奉納的風氣漸盛，並於十九世紀達到高峰，而正也是會田安明活躍的年代。至於奉獻算額的年代及其數量，可參考表 1，其中尚有 188 片算額的年代不明[11]。而此一風氣一直保存到明治時期，即便今天在神社、寺廟中發現的算額，也有一部分是奉納於明治時期[12]。

---

[10] 引自蘇意雯，〈探索日本寺廟的繪馬數學〉，《當數學遇見文化》，頁 187–188。原資料引自 Itō, E., & Kobayashi, H., & Nakamura, N., & Nomura, E., & Kitahara, I., & Yanagisawa, R., & Tanaka, H., & Ōtani, K., & Sekiguchi, T., *Japanese Temple Mathematical Problems in Nagano Pref. Japan*. Nagano: Kyōikushokan, 2003.

[11] 引自蘇意雯，〈探索日本寺廟的繪馬數學〉，《當數學遇見文化》，頁 187。

[12] 參考徐澤林，〈江戶時代的算額與日本中學數學教育〉，《數學傳播》31 卷 3 期，頁 70–78。

到 1997 年為止，全國範圍內共發現現存算額約 884 面，最近這幾年又新發現一些算額，現存算額總數大約達到 900 餘面[13]。

表 1　日本各時期現存算額數量

年代	算額數量
十七世紀晚期	8
十八世紀早期	33
十八世紀晚期	284
十九世紀早期	1184
十九世紀晚期	795
二十世紀	133
不明年代	188

隨著有馬賴徸著《拾璣算法》公開許多關流祕傳的數學知識，以及藤田貞資《精要算法》推動關流的能見度與和算的普及化，投入關流或藤田門下習算者眾多。這些門人也開始在各地寺廟奉納算額，展示學習數學與研究算題的成果。江戶時代中後期，隨著奉納算額風氣的流行，也出現了透過解答算額上的問題，來進行數學交流的現象，到 18 世紀後期，更出現了「算額問題集」之類的數學書。例如，當時關流頗具名望的藤田貞資，便偕其子藤田嘉信，於 1789 年編著了「算額問題集」《神壁算法》，書名中的「神」指的當然是算額奉納之所與

[13] 參考徐澤林，〈江戶時代的算額與日本中學數學教育〉，《數學傳播》31 卷 3 期，頁 70–78。這些算額現都逐步被電子化，在網路上公布。
（網址為：和算の館 http://www.wasan.jp/）

神社寺廟有關，而「壁」則意味著這些算額是懸於神社寺廟「牆壁」上。

藤田父子陸續輯錄的《神壁算法》與《續神壁算法》等書，促進了和算家之間的交流，書中收錄當時和算家（主要是關流弟子）奉納於各地寺廟中的算額問題與答術，使得有興趣的習算者可省去舟車之勞，一覽關流眾算家的研究成果。這些原是供奉在各地的算額，也因為藤田貞資父子的整理，得以集結成冊出版刊行。此後，仿此形式的算額集陸續出版。

三、數學競技的客觀標準——「字數」

故事回到前述關流與最上流的數學論戰。該論戰肇因於會田安明對《精要算法》的糾正與評論，會田安明除了評論《精要算法》不佳的題目與術文之外，他也對「精要」之意，提出他的見解與論述：「用迂術者，今改歸簡」、「用捷術」、「以簡為要」、「術理深而以整數為要，故用定率至少也」、「用定率可則用之，省之而有利則省之也，只隨其題意答術以簡為要也」等多條與「精要」有關的重要原則與要求。從這裡可看出，他主要是將「精要」之意理解為「簡」與「捷」。

而整個論戰過程裡，也因為會田安明對「精要」乃至「簡」與「捷」的要求，而發生了一段有趣的插曲，當關流和算家刊刻了《神壁算法》這本算額集之後，會田安明特地著作《神壁算法真術》一書，針對關流《神壁算法》上卷當中的四十二個問題，重新提出自己所求得的新術文，並針對這些問題與術文的缺點，提出評論與批判。特別地，他逐一計算《神壁算法》每個問題所列術文之「字數」，並與自己所造術文的字數作比較。如表 2 所示，筆者依會田安明的統計結果，整理了他在書中所列各術文的字數，以方便讀者進行比較。顯然，會田安明認為術文的「簡」與「捷」對於解答問題而言是重要的，因此，他基於「字數」這樣一個「客觀」的標準，認為自己所發表的術文字數，顯然較關流創造的術文字數來得少，因此，較諸關流弟子所設的「迂遠」術或「長文」術來得精要且高明。圖 1 是《神壁算法真術》的書影，我們可從中看到會田安明所統計的術文字數與相關評論。

表 2　《神壁算法真術》所列術文字數比較表

卷名《神壁算法》〈上〉					
題號	《神壁算法》術文字數與評論	會田安明術文字數	題號	《神壁算法》術文字數與評論	會田安明術文字數
一	87	59	二	未列	
三	117	75	四	53 長文	38
五	60	47	六	86 迂遠	55
七	44	31	八	48	37
九	77	62	十	65	39
十一	未列	44	十二	81	64
十三	57	40	十四	75	59
十五	62 迂遠	47	十六	34	28
十七	42	23	十八	40	33
十九	100	86	二十	83 迂遠	51
二十一	52	43	二十二	73 迂遠	59
二十三	53	28	二十四	80 迂遠、過乘	54

二十五	65	48	二十六	51	39
二十七	85	62	二十八	55	49
二十九	76 迂遠	54	三十	7□[14]	53
三十一	44	69	三十二	74	54
三十三	42	34	三十四	41	35
三十五	42	31	三十六	26	16
三十七	62	47	三十八	32	29
三十九	35	27	四十	33	25
四十一	25	20	四十二	35 迂遠	28

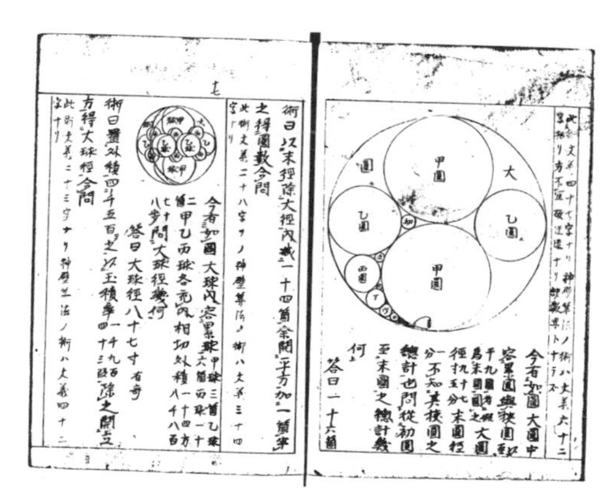

圖 1：《神壁算法真術》書影—會田評《神壁算法》第十六與十七題

[14] 文本此處模糊不清，只能辨識「七十」二字，但個位數無法得知。

會田安明逐一比較了《神壁算法》上卷的所有術文後，他接著繼續挑選了《神壁算法》下卷 27 個問題當中的 9 個問題，同樣創造出新的術文並進行比較，讀者可參考表 3《神壁算法真術》所列術文字數的比較。從表中可看出，會田安明除了比較字數之外，他也進一步比較雙方術文中所列出方程式的「次方數」，或者術文操作過程中所需用到的「開平方次數」。例如，第一題關流和算家加藤氏或古川氏清的術文所列的方程式皆為三乘方式（四次方程式），而會田安明的術文只需平方式（二次方程式）即可；又如第二題加藤氏或古川氏清的術文皆需開平方四次，但會田安明的術文除了字數較少外，也僅需開平方兩次即可。從這兩個例子來看，均可反映出會田安明在算學上的高明以及他所造術文的「簡」與「捷」。術文的「字數」以及當中涉及方程式的次數與所需開方的次數，皆是會田安明關切的焦點，也展現了「簡」與「捷」這兩個重要的數學知識論價值。

表 3　會田安明《神壁算法真術》所列術文字數比較表（二）[15]

題號	《神壁算法》術文的字數與評論	會田安明《神壁算法真術》的術文字數
一	加藤氏門人：三乘方開方式，273 字 古川氏清：三乘方開方式，310 字 神谷定令：平方式，155 字	平方式，110 字
二	加藤氏門人：開平方四次，155 字 古川氏清：開平方四次，104 字 神谷定令：開平方二次，72 字	開平方二次，60 字

[15] 此處的題號為會田安明《神壁算法真術》一書所列之題號。

三	加藤氏門人：161 字 古川氏清：100 字	70 字
四	古川氏清：102 字	77 字
	神壁術：190 字、長文	140 字
五	神壁算法：57 字、長文	36 字
六	內田氏門人問，藤田氏門人答 內田秀宮門人：55 字 藤田貞資門人：41 字	30 字
七	內田氏門人問，藤田氏門人答 內田氏門人：72 字 藤田氏門人：61 字	38 字
八	中村：83 字、三乘式過乘 藤田氏門人：64 字	52 字
九	七乘式過乘	65 字

會田安明除了認為「神壁算法載各關流問題，甚迂遠之術、過乘」，進而對《神壁算法》所收錄的算額題術提出批評之外，他也在《神壁算法真術》的〈附錄〉裡，針對另外四個由關流和算家所奉納的算額題術，提出了批判。

其中，第一題為 1762 年（寶曆十二年）春天藤田貞資於愛宕山所懸之算額，會田安明提到，其術文共含 112 字，會田認為此術迂遠，而會田自己所求得之術文為 70 字，較為精簡。第二題為天明時期關流神谷定令門人所懸掛之算額，其術文共含 99 字，且所列方程式為四乘方式[16]，會田認為「此術過乘甚迂遠」，而會田自己所造出的術文僅需

[16] 即五次多項方程式。

50字，且該術文所得之方程式為立方式[17]，亦較為精簡。

第三題為1788年（天明八年）神谷定令門人於東都茅場藥師堂所懸之算額，會田認為「其術文義七十六字，此術甚迂遠」，同時會田也評論，關流弟子於寬政元年(1789) 6月重新修改後所懸掛的新算額「其術文義六十五字，此術亦迂遠」。而會田的弟子鈴木忠義則於1789年（寬政元年）6月針對該問題在同一個地方懸掛算額進行算額競技，鈴木忠義所造述之術其「術文義四十五字」，以字數來看明顯較前述關流弟子所造的術文來得精簡。

如此來看，無論會田安明或者最上流的弟子們，利用術文的「字數」作為與關流數學家比較、競技的依據，而術文的「字數」、「開方次數」與「方程式的次數」便成了他們用以比較的「客觀」標準。這樣的比較方式，無論中西數學的發展史上，都是相當獨特而僅見的。

四、結語

數學能力的評比，並沒有絕對客觀的標準。一般而言，解答問題的正確性或答對率，是現代數學競賽的主要評比方式，又或者數學研究上通常會以發表文章期刊的品質，或者文章發表在期刊上的先後順序——即優先權——作為評價數學研究的標準。然而，在江戶時期和算發展的過程裡，無論是奉納算額的文化，或者透過「算額」這種媒介進行數學發表與競賽，都是和算別於其他文明或數學傳統的特有文化。

[17] 即四次多項方程式。

正如本文所述，會田安明在重新求解他人已解決的數學問題後，依據解答該問題時，所創造演算法或公式（術文）的「字數」、方程式的次數以及所需開方的次數等「數量」，作為數學競技與比較數學能力的「客觀」標準，更是絕無僅有的方式。而此一特色當然與江戶時期的社會文化，乃至當時的數學知識價值有關，同時也反映出江戶時期和算發展時，精益求精的精神與獨特的藝道化特色。

參考文獻

1 日本學士院編 (1979),〈第三卷〉,《明治前日本數學史》,東京:野間科學醫學資料館。

2 洪萬生等 (2009),《當數學遇見文化》,臺北:三民出版社。

3 徐澤林 (2007),〈江戶時代的算額與日本中學數學教育〉,《數學傳播》,31 卷 3 期。

4 徐澤林 (2008),《和算選粹》,北京:科學出版社,。

5 烏雲其其格 (2009),《和算的發生 : 東方學術的藝道化發展模式》。上海辭書。

6 張娜、徐澤林 (2007),〈《算法天生法指南》之中日版本比較〉,《廣西民族大學學報(自然科學版)》,13(2)。

7 蘇意雯 (2009),〈探索日本寺廟的繪馬數學〉,收入《當數學遇見文化》。

和算文本

1 日下誠：《當世塵劫記解》（年代不詳）。

2 神谷定令：《非改精算法》(1786)、《解惑辯誤》(1797)、《撥亂算法》(1799)、《福成算法》(1802)。

3 會田安明：《方圓算經評林》（年代不詳）、《古今算法一十五問之答術起源》（年代不詳）、《改精算法》(1785)、《改精算法改正論》(1786)、《拾璣自約術正邪之弁》（年代不詳）、《神壁算法真術》(1793)、《掃清算法》(1806)、《解惑算法》(1788)、《算法非撥亂》(1788)、《算法括要演段大成之評林》（年代不詳）、《算法廓知》(1797)、《增刻神壁算法評林》〈上〉(1797)、《增刻神壁算法評林》〈下〉(1797)。

4 藤田貞資：《改解惑算法》（年代不詳）、《非改正論》（年代不詳）、《神壁算法》(1789)、《精要算法》(1781)。

5 藤田嘉信：《增刻神壁算法》(1796)、《續神壁算法》(1807)。

圖片出處

圖 1： 東北大學附屬圖書館館藏資料
http://www.i-repository.net/il/meta_pub/G0000398wasan_4100002377

穿透真實無窮的康托爾：集合論的「自由」本質

洪萬生

一、前言

循環小數 0.999 ⋯ 是否等於 1，或者循環小數 0.333 ⋯ × 3 是否等於 1，與我們如何認識 {0.9, 0.99, 0.999, ⋯} 這個無窮集合 (infinite set) 的「整體性」息息相關。這個概念，涉及了人類首度穿透無窮的「魔障」，從而也幫助我們得以刻劃了有關無窮的「等級」。這是德國數學家康托爾 (Georg Cantor, 1845–1918) 在數學史上所留下的不朽貢獻!

這一數學史上最為波瀾壯闊的史詩，卻也同時映照了康托爾一生的哀愁與悲慘。但也多虧了他的虔誠宗教信仰，我們才得以體會數學與宗教的密切互動，大大地裨益了康托爾有關無窮的認識，以及他如何保障相關數學知識的正當性。

本文一方面意在說明康托爾集合論的價值與意義，另一方面，我們也希望為數學與宗教的關係，再多下一個註解，以便豐富我們對於數學知識活動的多元面向之想像。

二、無窮集合何以需要分類？

康托爾數學的原創性，完全在於他如何以「集合」這樣一個樸素的概念，洞穿了有關無窮的概念之本質。比如說吧，他發現：吾人利用一一對應關係[1]，即可證明偶數集合與自然數集合——都是無窮集合——的個數一樣多[2]；也可以證明自然數集合的個數與有理數的集合一樣多；然而，實數集合的個數卻比有理數集合的個數多很多。換句話說，前二者的兩個集合的「無窮多」一樣多，但是，最後的兩個「無窮多」卻讓康托爾區別出大小的等級來了。

正如有限集合一樣，無窮集合也可以利用一一對應來進行比較，從而區別出大小來。這個運算，幫助康托爾針對無窮集合定義基數 (cardinal number)，用以指定這些集合的大小 (size)。至於他首次體認到無窮集合必須分類，是他從 1870 年開始，接受漢內 (Eduard Heine, 1821–1881) 的建議[3]，開始研究傅氏級數的表現式之唯一性問題所引發的。沒想到，他的下一步竟然是直接針對無窮集合本身，進行人類

---

[1] 根據希臘數學史家的最新研究成果，阿基米德曾經在兩個無窮集合之間，建立一一對應關係；此外，他還非常明確地將無窮多項的級數加總起來。讀者如有意理解這兩項希臘數學史的新發現，不妨參考新近出版的《阿基米德寶典》（內茲、諾爾合撰，天下文化出版，2007）。儘管如此，康托爾「自由創造」超窮的 (transfinite) 集合論，卻是屹立不搖的貢獻。

[2] 通過 $n \leftrightarrow 2n$ 的一一對應，可知自然數集合 $N=\{1, 2, 3, \cdots, n, \cdots\}$ 與偶數集合 $E=\{2, 4, 6, \cdots, 2n, \cdots\}$ 之個數一樣多。

歷史上的空前大探索。最後，康托爾將原先的研究工具——「集合」變成了目的，為集合而集合起來了。從 1874 年開始，康托爾利用一系列的論文，為我們陸續揭開「真實無窮」(actual infinity) 的奧祕。

不過，真正在認識論上造成巨大衝擊，莫過於 1877 年，當康托爾發現正方形內的點之個數（或基數 cardinal number）與其邊的點之個數「一樣多」(或相等) 時（也就是這兩個無窮集合的「無窮多」為同樣「等級」，或者如康托爾所說，它們的「冪」(power) 相等），他自己也嚇了一大跳！ 1877 年 6 月 29 日，當他寫信向他的好友戴德金 (Richard Dedekind, 1831–1916) 告知此一證明時，他寫下了數學史上極為著名的一句話：「我看到它，但是，我不相信它！」其實，「偶數」的個數與「自然數」的個數一樣多，或者「有理數」的個數與「自然數」一樣多，也就罷了 (儘管這些都挑戰了直觀意義的「全量大於分量」)。現在，康托爾又冒出了新發現：「二維的正方形與一維的線段，擁有一樣多的點」，那真是更令人匪夷所思了。

當這篇論文在 1877 年 7 月 12 日投稿到柏林大學發行的《克雷爾期刊》(*Crelle Journal*) 時[4]，主編克隆涅克 (Leopold Kronecker, 1823–1891) 儘管怎麼看都挑不出邏輯推論上的紕漏，可是，它的結論之意義究竟何在呢？克隆涅克也無從判斷，所以，他只好將稿件暫時壓著，直到 1878 年才刊出。康托爾出身柏林大學，克隆涅克曾經是他的老

---

[3] 漢內也是出身柏林學派，在函數論方面貢獻卓著。目前我們所學的極限如 $\lim_{x \to x_0} f(x) = l$ 定義為：對於所有的正數 ε，存在一個正數 η_0 使得對於 $0 < \eta < \eta_0$，$|f(x_0 \pm \eta) - l| < \varepsilon$，就是首見於 1872 年漢內的著作。而那是他深受外爾斯特拉斯學派的「分析算術化」(arithmetization of analysis) 影響之產物。

師。就是由於此一插曲及其他因素，康托爾從此不再投稿《克雷爾期刊》，而轉投由克萊因 (Felix Klein, 1849–1925) 所主編、由哥廷根大學發行的《數學年刊》(*Mathematische Annalen*)。這兩份數學期刊見證了互相競爭的柏林、哥廷根兩大學派，如何在十九世紀下半葉共同締造了德國的數學霸權。

無論如何，上述事件對於一心一意想要利用這些論文的發表（尤其是在當時聲望最高的《克雷爾期刊》出刊），以便爭取回母校柏林大學任教的康托爾來說，帶來了極大的壓力。另一方面，這一段插曲，也揭開了康托爾的集合論如何在數學家社群中取得合法地位的序幕。其實，克隆涅克所以「壓稿」也並非全然由於他的數學哲學立場（他不接受集合論所內稟的「真實無窮」(actual infinity) 觀點）使然，對於數學社群而言，一個數學理論或成果有沒有「意義」，經常不只是有關它的「證明」已經被接受了，顯然還有知識的其他面向需要安頓。正如數學史家道本周 (Joseph Dauben) 指出：「論證一個新理論的數學一致性 (consistency)，從而斷定它的合法性 (legitimacy)，從來就是不夠的。」其實，基於現代數學教育有關「證明與理解」關係的深入研究，我們對於康托爾早期生涯的挫折，尤其是出自克隆涅克的「阻撓」，終於可以比較平常心對待了。

這一挫折，當然也部分解釋了他後來的精神崩潰。不過，家族環

❹本刊現名 *Journal fur die reine und angewandte Mathematik*。1826 年由 August Leopold Crelle 所創刊，故名之。剛創刊時，Crelle 獨具慧眼，刊登了挪威天才數學家阿貝爾 (Niles Henrik Abel, 1802–1829) 有關五次方程解的經典論文，而聲名大噪。

境因素也不容忽視，尤其是非常虔誠的宗教信仰傳統。根據史家道本周的研究，由於康托爾的父親屬於路德教派，所以，家中六個小孩都受洗為路德教徒，儘管母親是羅馬天主教徒。還有，他父親在幾乎每一封給他的書信中，都會利用教義諄諄教誨他，而康托爾則是心悅誠服，真誠地頌讚上帝的恩德。這種宗教經驗，帶給他精神上的慰藉，也幫助他得以熬過他一生中最困阨的時光。

另一方面，康托爾與他父親的感情十分親密。他身為家中長子，努力達成父親的期望，不只是一種責任，更是一種榮耀。因此，當他父親終於同意他以數學專業為學習目標時，他不只非常喜樂，同時，也矢志出人頭地，以便光宗耀祖！這可以解釋他何以那麼急切地想要回柏林大學任教，因為要是有機會在這一座數學界的麥加城立足，而成為頂尖的數學家，那麼，他對於父親以及父子虔誠服侍的上帝，就作了最好的交代了。

三、真實無窮與天主教神學

1896 年 2 月 2 日，康托爾致函羅馬的耶瑟神父 (Father Thomas Esser)，說明他數學與形上學的密切關係：

建立數學與自然科學的法則，是形上學的責任。因此，形上學必須視它們如子女、如僕從、如助手。不要讓它們離開她的視野，要看管它們。要如蜂巢中的母王蜂驅使成千的工蜂到花園去，從花朵上吸取花蜜然後聚集，在她的指揮下，釀成可愛的蜂蜜。牠們替她從廣大的物質與精神的實在界，帶來了建築材料，為她蓋起金碧輝煌的宮殿。

其實，康托爾會受到天主教神學的吸引，一方面當然出自家庭的宗教信仰傳統，另一方面，則是由於他的超無窮 (transfinite infinity) 研究知音難尋，只有轉向宗教界尋求慰藉與協助。顯然，上帝不僅為康托爾解決心理障礙問題，祂還幫助康托爾解決認識論問題。康托爾認為他的集合論之所以絕對正確，乃是因為它來自上帝的啟示。他把自己看成是上帝的使者，他不僅精確紀錄、報告和傳達新啟示的超窮數理論，而且還自詡為上帝的使徒，視傳播福音為他的天職。還有，他認為上帝在這方面施予他的恩寵，主要目的是為了避免教會在有關無窮的本性方面，再犯大錯。這樣一來，他把自己的數學和上帝的事業聯繫在一起。

康托爾生命中數學與宗教的連結，應該是緣起 1883 年所發表的《一般集合論基礎》(*Grundlagen einer allgemeinen Mannigfaltigkeitslehre*)，引起了天主教神學家的注意。這是他在 1879–1884 年間在《數學年刊》所發表的六篇一系列論文中的第五篇之另行出版單行本 (monograph)，其重要性正如數學史家道本周所指出：「《一般集合論基礎》的主要成就，在於它將超越數呈現成為自然數的一種自主且系統的延拓。」顯然，康托爾自己也體認到在該文之作，「將會使我自己處於某種與數學中，有關無窮和自然數性質得到廣泛支持的相對立觀點之地位。但是，我相信超窮數終將被承認是吾人對於數目的概念之最簡單、最適當與最自然之推廣。」在引進超窮數之前，康托爾還提醒讀者必須注意潛在無窮 (potential infinity) 與真實無窮 (actual infinity) 的區別。他指出微積分所涉及的無窮只是變量之極限，而這些極限並非代表一個完備的整體或最後的量，譬如 $\lim\limits_{x\to\infty}\frac{1}{x}=0$ 並非表示有一個「最後的」x_∞ 存在使得 $x_\infty=0$，因而，它們只是些潛在無窮的概念。相反地，康托爾所引進的超窮數 (transfinite number) 如基數 (cardinal number) 或序數 (ordinal number)，卻可以類比為普通的數目（儘管它們表徵了無窮集合 (之整體))，因而呈現了真實無窮的概念。事實上，他自己也承認一開始他並未體認此一本質差異。

此外，在《一般集合論基礎》的簡短序言中，康托爾也強調數學上有關無窮概念的哲學，無法自外於哲學上的無窮存在之概念。也就是說，該文不單是針對超窮集合論的數學闡述，也是針對有關無窮的哲學觀念之公開論述。顯然，康托爾意在拉攏哲學成為數學的平等伙伴。

正因為在他的數學論文中，康托爾觸及無窮的哲學問題，無怪乎引起天主教神學家的興趣。1886 年，德國神學家古特貝爾 (Constantin Gutbelet) 在哲學期刊上發表論文〈無窮問題〉，就是援引康托爾的集合論，來辯護他自己有關無窮的神學與哲學觀點。他認為有關上帝的思想是永恆不變的，因此，神聖思想的整體必定構成一個絕對的、無窮的、完備的乃至於封閉的集合。而這，正是像康托爾的超窮數之類概念的實際存在之證據。總之，吾人要嘛接受真實無窮的實際存在，要嘛否定上帝的絕對心靈之無窮智慧與永恆特性。後者當然直接對立了天主教義。

康托爾其實早就熱衷於他的數學與神學之聯姻，現在，古特貝爾為他舉行了堅信禮。他們兩人通了幾次信，主要討論數學的無窮，是否挑戰了上帝存在這一唯一的絕對無窮。其結論當然皆大歡喜，因為康托爾的數學擴大了上帝的榮耀與全知全能之領域。

除了古特貝爾與耶瑟之外，康托爾還與好幾位神學家交流，他們當然共同關心一個主要問題，亦即前文所提及：超窮數在自然界中實際存在嗎？針對此一問題，雖然康托爾完全肯定，然而，古特貝爾卻不無疑慮，他的老師弗蘭奇林 (Johannes Franzelin) 主教則極力反對。弗蘭奇林主教認為康托爾有關超窮數的存在的信仰——亦即，它是自然界的本性——可能引出一種泛神論的主張，這是因為上帝並不等同自然界，而是高於自然界！為了消除這些疑慮，康托爾在 1886 年致函弗蘭奇林主教，指出吾人除了「可能的」與「實在的」區分之外，還應該注意絕對無窮與真實無窮的區別，前者是上帝所獨有，後者則見諸於上帝創造的自然界，並以其中客體的真實無窮為其典範。

換句話說，康托爾認為超窮的實際存在，正是上帝的無窮性存在之反映。這樣的論述，不僅多少撫慰了弗蘭奇林主教的不安，同時，也允許康托爾得以將集合論納入形上學之中。這種數學認識論的進路，在數學史上幾乎絕無僅有！而這，當然也造就了康托爾的堅苦卓絕與超凡貢獻。

康托爾積極地向天主教神學尋求慰藉與支援，還有一個外在的重要原因，乃是前文曾經提及，他與柏林時代老師克隆涅克因集合論的正當性所引起的恩怨。1883–1884 年間，哥廷根與柏林各自出缺了一位數學教席，不幸地，顯然由於克隆涅克的作梗，康托爾只能繼續坐困哈勒 (Halle) 大學，而無法轉往那兩大數學中心。於是，再加上他企圖解決連續統假設 (continuum hypothesis) 問題[5]，一再遭受重大挫折，康托爾終於在 1884 年 5 月第一次精神崩潰。

---

[5] 模仿實數的性質，亦即：兩個實數中間一定有第三個實數，康托爾企圖證明可數的無窮集合如自然數之基數，與第一個不可數的無窮集合如實數之基數之間，存在有第三個基數。

沒想到大約此時，他又與數學界幾乎是唯一知音米塔格・萊夫勒 (Gosta Mittag-Leffler, 1846–1927) 交惡，後者在瑞典所創立的《數學學報》(*Acta Mathematica*)，是康托爾除了前此刊登發表論文的《數學年刊》之外，另一個發表集合論研究成果的最主要園地。至於他對米塔格・萊夫勒不滿的主要原因，則是後者勸他淡化新近投稿的〈序型的理論原理〉之哲學意涵。其實，應該也算是柏林學派成員的米塔格・萊夫勒始終對他推崇備至，前者希望他撤回完全是一番好意：

我確信在你能夠提出新的肯定結果之前，你的新成果的發表，將極大地損害你在數學界的聲譽。我深知你對這些根本不在乎。可是，如果你的理論在這種情況下受到遲疑，就會長期遭到數學界的冷淡對待，甚至在你我的有生之年，你和你的理論都得不到你本該得到的公平待遇。也許這一百年之後，這一理論又被其他人重新發現，然後人們也發現你早已完成了全部工作，那時你才得到正確的評價。而你這樣做，就不會產生任何有意義的影響，而這種影響，是你也是任何從事科學研究者所自然期待的。

可惜，康托爾就是無法諒解，因為他認為米塔格・萊夫勒多少屈服於克隆涅克的影響力[6]，因此，他們兩人的友誼也終告結束。

所有這些因素，可以解釋何以康托爾將數學、哲學與神學之結盟，視為畢生的神聖使命。而這，當然是數學史上的罕見例子。

四、實數集合的真實無窮

康托爾出生於俄國聖彼得堡，十一歲時隨著雙親移居德國法蘭克福。他在 1867 年獲得柏林大學的博士學位之後，曾經在一所女子高中任教，再轉入一個數學教師討論班 (Schellbach Seminar) 工作，直到 1869 年他獲得哈勒大學聘任為 habitation 為止。顯然由於此一經驗，他對於中學數學教師的詢問，特別是有關他的集合論，他的答覆充分表現了分享的熱情與懇切。譬如說吧，他在 1886 年 6 月 18 日，回覆古德賽德 (Franz Goldscheider) 老師的一封信之內容，簡直就像一本集合論導引的小冊子。這固然可能由於他的知音難尋，不過，他樂意與人為善，絕對是主要原因之一。

在這一封信中，康托爾詳述了集合論的基本概念之拓展。然而，不同「冪」(power) 或「基數」(cardinal number) 的集合之存在性，卻只是提及而未曾加以證明。事實上，一旦實數集合無法與自然數一一對應的「不可數」(non-denumerability) 對比了自然數的「可數」

---

❻按克隆涅克、外爾斯特拉斯 (Karl Weierstrass, 1815–1897) 與庫脈 (Ernest Eduard Kummer, 1810–1893) 並稱柏林三巨頭。不過，由於克隆涅克只接受有限次步驟完成的證明，因此，他對外爾斯特拉斯師徒有關無理數乃至函數論的研究成果，始終不假顏色。他曾經寫信給證明 π 是超越數的林德曼 (Carl L. F. von Lindemann, 1852–1939) 說：「你那有關 π 的漂亮證明有什麼好處？在無理數根本不存在的情況下，為什麼還要研究這類問題呢?」這解釋了他對康托爾的超窮集合論的敵意。

(denumerability) 之後，康托爾無窮理念的意義，才變得透顯與明朗起來。誠如史家梅西考斯基 (Herbert Meschkowski) 所指出：由於不同冪的集合之確實存在，「因而，『冪』的概念，也被採用以區分那些以前無法接近的『無限的』領域。」此外，他還利用希伯來字母的第一個，來代表自然數（無窮）集合的基數 $\aleph_0$（英文讀作 aleph naught）。至於實數集合的基數，則是以 c 來表示，顯然 $\aleph_0 < c$。在這兩個不同的基數之間是否存在第三個基數，正是前述康托爾極為關切的連續統問題。

在一般的數學教科書中，有關實數集合的不可數，通常運用所謂的「對角線法」(diagonal process) 給以證明。其實，康托爾還有另一個鮮為人知的方法，值得推薦給有興趣的讀者。先將他的定理轉述如下：

令 $a_1, a_2, a_3, \cdots$ 是相異實數的無窮數列，照任意方式排出，則在任意給定的區間 (c, d) 中，必有一數 y（因此也必有無窮多個這樣的數!）不在這個數列中出現。

為了證明本定理，我們令本數列中落在區間 (c, d) 內的頭兩個數為 c_1 和 d_1，同理，c_{n+1} 與 d_{n+1} 是本數列中落在區間 (c_n, d_n) $(n=1, 2, 3, \cdots)$ 的頭兩個數。現在，我們必須區分下列兩種可能：

1. 只有有限多個區間 (c_n, d_n)：$n=1, 2, 3, \cdots$。則在最後的區間內，至多只有本數列中的一個數而不是兩個。在這種情況下，的確有一數 y 在這個區間內（也在 (c, d) 內），而不在本數列中出現。
2. 有無窮多個區間 (c_n, d_n)。則有界數列 c_n 與 d_n 分別是單調遞增和單調遞減，因此，它們均有極限 $C=\lim c_n$, $D=\lim d_n$。

如果 $C=D$，則它必然包含在每一個區間 (c_n, d_n) 內，因此，它與本數列的任意數都不相同。如果 $C \neq D$，則（閉）區間 $[C, D]$ 內的每一數也具有相同的性質。因此，在這兩種情形中，至少有一數 y 不在本數列之內。

五、結論

在答辯博士論文時，康托爾按德國學術界慣例，特別提出三個論點，其中一個論點說：在數學中，提問的方法之價值，必須遠高於如何解決。這一主張，最後竟然具體實現在他念茲在茲的連續統假設上。當然，這也見證了他那極具膽識的超無窮之集合論之研究。正因為如此，當他晚年回顧畢生數學研究時，強調「數學的本質在於自由」，我們絲毫不覺得意外。

數學知識的這種從自然界的實在 (reality) 解放出來的特性，似乎平行了藝術史的發展。數學家鄧漢 (William Dunham) 在他的《天才之旅》(*Journey through Genius*) 中，曾利用數學史 vs. 藝術史的有趣對比，來說明十九世紀下半葉數學發展的自由本質。他認為當時由於偉大藝術家如塞尚、高更與梵谷的影響，畫布獲得了它自己的生命，而不只是為了忠誠地「再現」(represent) 大自然而已。於是，繪畫正式宣告從視覺化的實在 (visual reality) 獨立出來，正如高斯 (Gauss, 1777–1855)、波里耶 (Bolyai, 1802–1860) 與羅巴秋夫斯基 (Lobachevsky, 1792–1856) 的非歐幾何學，將幾何從物理世界解放出來一樣。

不過，也正因為自由自在，康托爾的集合論缺少了正統數學的「意義」依托（譬如克隆涅克就始終不假詞色），所以，它的正當性 (legitimacy) 之建立，就有賴數學以外的力量了。這種機緣，當然也歸功於他的集合論之形上學蘊涵，足以吸引天主教神學家的注意。這些因緣際會，都促使他積極地介入數學、形上學與天主教神學之論述。無論形上學或天主教神學是否實質地啟發了他的超窮集合論，我們都可以確定一件事，那就是：他認為前者可以幫助他安頓集合論在整個數學聖殿中的位置。

數學 vs. 宗教關係十分密切，康托爾隻手建立集合論的故事，為我們做了最真誠的見證！

後記：

本文限於篇幅，無法討論康托爾的集合定義所引發的悖論，以及其後相關的數學基礎之發展（包括連續統假設如何「解決」等）。讀者不妨參考克萊因的《數學：確定性的失落》。

圖 1：康托爾

圖 2：康托爾

1 Dauben, Joseph W. (1979/1990), *Georg Cantor: His Mathematics and Philosophy of the Infinite.* Cambridge, Mass.: Harvard University Press.

2 Dunham, William (1990), *Journey through Genius: The Great Theorems of Mathematics.* New York: Penguin Books.

3 赫佰特・梅西高斯基 (Herbert Meschkowski)（洪萬生譯）(1976)，《偉大數學家的想法》(*Ways of Thought of Great Mathematicians*, 1964)，臺北：南宏圖書出版社。

4 克萊因 (Morris Kline)（翁秉仁、趙學信合譯）(2004)，《數學：確定性的失落》，臺北：臺灣商務印書館。

5 胡作玄 (1997)，《引起紛爭的金蘋果：哲人科學家——康托爾》，臺北：業強出版社。

圖片出處

圖 1：Wikimedia Commons

圖 2：Wikimedia Commons

後記

這本文集共有十六篇數學家傳記，其中以數學家的出身地來區分，西方有九篇、中國與日本各三篇，阿拉伯則有一篇。至於所「立傳」的數學家，則有數學普及書籍的常客，如頗為「知名」的托勒密、祖沖之、斐波那契（或費波那契）、韋達、伽利略、笛卡兒、關孝和，以及康托爾。另外，還有或許較少為人所知的李淳風、李治、奧馬・海亞姆、約翰・迪伊、史帝文、托里切利、建部賢弘，以及會田安明。無論這些數學家是知名也好，罕見也好，他們所參與的數學知識活動，都可以滿足吾人的知識獵奇 (intellectual curiosity)，豐富我們的歷史想像。

事實上，在本書中，我們都試著採用數學社會史 (social history of mathematics) 的（敘事）進路。在一方面，我們想為數學史上主要數學家（major mathematician，當然也比較知名）提供一些可能是比較罕為人知的「知識」活動，藉以更深一層領會數學的脈絡 (mathematics in context) 意義；另一方面，我們也打算為一些次要的 (minor) 數學家保留一些「歷史位置」，因為他們或許生不逢辰、或許志不在此，或許是才識不足，以及或許是學藝不精，但總是有精彩的、或者甚至是勁爆的人生經驗可以分享才是。

基於此，我自己所寫的幾篇傳記──譬如，〈穿透真實無窮的康托爾：集合論的「自由」本質〉，有些在多年前早已完成且發表。在臺灣師大博士班的數學史討論班中，我也始終鼓勵博士班研究生，積極投入相關研究。譬如，曾經是博士生的黃俊瑋老師──儘管他的主修是日本數學史──就以（中國）數學家的歷史定位為議題，進行初步的研究，他的〈數學家的歷史定位：以祖沖之、李淳風傳記為例〉，就是其中一個研究個案。在稍後的另一個討論班中，我除了將焦點放在數學教育史的面向上（張秉瑩博士曾應邀參與討論），也敦促研究生研讀英國數學史家賈桂琳・史德竇 (Jacqueline Stedall, 1950–2014) 的《數學史極短篇》(*The History of Mathematics: A Very Short Introduction*)，並以具體個案，來思考與檢驗她所推薦的數學史研究進路。

有了這些教學經驗，我希望出版這樣的一本數學家傳記集之目標，就變得十分明確。於是，我開始邀請蘇惠玉、陳玉芬、陳政宏、劉雅茵老師（他們都有數學史的碩士專業訓練）協力撰寫，並且納入黃俊瑋老師及其與林美杏老師合撰的傳記。現在，他們的貢獻終於兜攏在一起，使得我們的目標有了一個與之對應的初步輪廓。

因此，這是有關數學家的一本相當「另類的」傳記集子。所謂另類，並不表示我們放棄忠實敘事的「天職」，畢竟時間軸上的坐標，是我們永遠必須仰仗的歷史參數 (historical parameter)。當然，在有些數學史或數學普及的論述中，作者或編者往往提供有關數學或數學家的「遺聞軼事」，而讓讀者印象深刻或信以為真。這些有時是相當聳動的「故事」固然無傷大雅，有時甚至可以豐富我們的歷史想像，不過，吾人若能進一步追問何以這類故事會被編造出來，那就是一個更值得鼓勵的歷史思考了。

從史學思考（方法）的角度切入，在人類歷史上，數學家或數學知識活動的參與者 (mathematical practitioner) 的社會地位之遞嬗或變遷，在「現代性」數學家專業角色的「投射」或「制約」下，的確很容易被吾人所「忽略」，而事實上，那些有意或無意被忽略的史實，或許更有助於我們拼湊更完整的歷史圖像。

所有這些，其實都只是一般史學思考的 ABC，這本集子就是我們實踐這種進路的初步結果，同時，我們也誠摯地歡迎讀者來分享我們的「故事」版本。數學知識活動擁有無限的可能，讓我們共同來賦予它的價值及意義。

洪萬生

鸚鵡螺
數學叢書介紹

數學拾貝

蔡聰明／著

數學的求知活動有兩個階段：發現與證明。並且是先有發現，然後才有證明。在本書中，作者強調發現的思考過程，這是作者心目中的「建構式的數學」，會涉及數學史、科學哲學、文化思想等背景，而這些題材使數學更有趣！

數學悠哉遊

許介彥／著

你知道離散數學學些什麼嗎？你有聽過鴿籠（鴿子與籠子）原理嗎？你曾經玩過河內塔遊戲嗎？本書透過生活上輕鬆簡單的主題帶領你認識離散數學的世界，讓你學會以基本的概念輕鬆地解決生活上的問題！

微積分的歷史步道

蔡聰明／著

微積分如何誕生？微積分是什麼？微積分研究兩類問題：求切線與求面積，而這兩弧分別發展出微分學與積分學。
微積分最迷人的特色是涉及無窮步驟，落實於無窮小的演算與極限操作，所以極具深度、難度與美。

從算術到代數之路 —讓 x 噴出，大放光明—

蔡聰明／著

最適合國中小學生提升數學能力的課外讀物！本書利用簡單有趣的題目講解代數學，打破學生對代數學的刻板印象，帶領國中小學生輕鬆征服國中代數學。

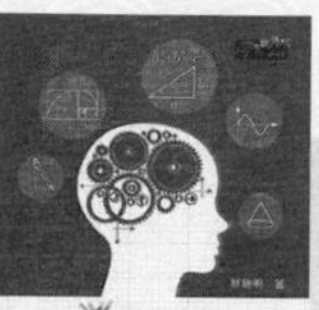

數學的發現趣談

蔡聰明／著

一個定理的誕生，基本上跟一粒種子在適當的土壤、陽光、氣候……之下，發芽長成一棵樹，再開花結果的情形沒有兩樣——而本書嘗試盡可能呈現這整個的生長過程。讀完後，請不要忘記欣賞和品味花果的美麗！

摺摺稱奇：初登大雅之堂的摺紙數學

洪萬生／主編

第一篇　用具體的摺紙實作說明摺紙也是數學知識活動。
第二篇　將摺紙活動聚焦在尺規作圖及國中基測考題。
第三篇　介紹多邊形尺規作圖及其命題與推理的相關性。
第四篇　對比摺紙直觀的精確嚴密數學之必要。

藉題發揮 得意忘形

葉東進／著

本書涵蓋了高中數學的各種領域，以「活用」的觀點切入、延伸，除了讓學生對所學有嶄新的體驗與啟發之外，也和老師們分享一些教學上的經驗，希冀可以傳達「教若藉題發揮，學則得意忘形」的精神，為臺灣數學教育注入一股活泉。

機運之謎 —數學家 Mark Kac 的自傳—

Mark Kac 著／蔡聰明 譯

上帝也喜愛玩丟骰子的遊戲，用一隻看不見的手，對著「空無」拍擊出「隻手之聲」。因此，大自然的真正邏輯就在於機率的演算。而 Kac 的一生就如同機運般充滿著未知，本書藉由作者的自述，將帶領讀者進入機運的世界。

數學放大鏡 ——暢談高中數學

張海潮／著

本書精選許多貼近高中生的數學議題，詳細說明學習數學議題都應該經過探索、嘗試、推理、證明而總結為定理或公式，如此才能切實理解進而靈活運用。共分成代數篇、幾何篇、極限與微積分篇、實務篇四個部分，期望對高中數學進行本質探討和正確應用，重建正確的學習之路。

蘇菲的日記

Dora Musielak ／著
洪萬生 洪贊天 黃俊瑋 合譯
洪萬生 審訂

《蘇菲的日記》是一部由法國數學家蘇菲．熱爾曼所啟發的小說作品。內容是以日記的形式，描述在法國大革命期間，一個女孩自修數學的成長故事。

畢達哥拉斯的復仇

Arturo Sangalli 著／蔡聰明 譯

由偵探小說的方式呈現，將畢氏學派思想融入書中，信徒深信著教主畢達哥拉斯已經轉世，誰會是教主今世的化身呢？誰又能擁有教主的智慧結晶呢？一場「轉世之說」的詭譎戰火即將開始…

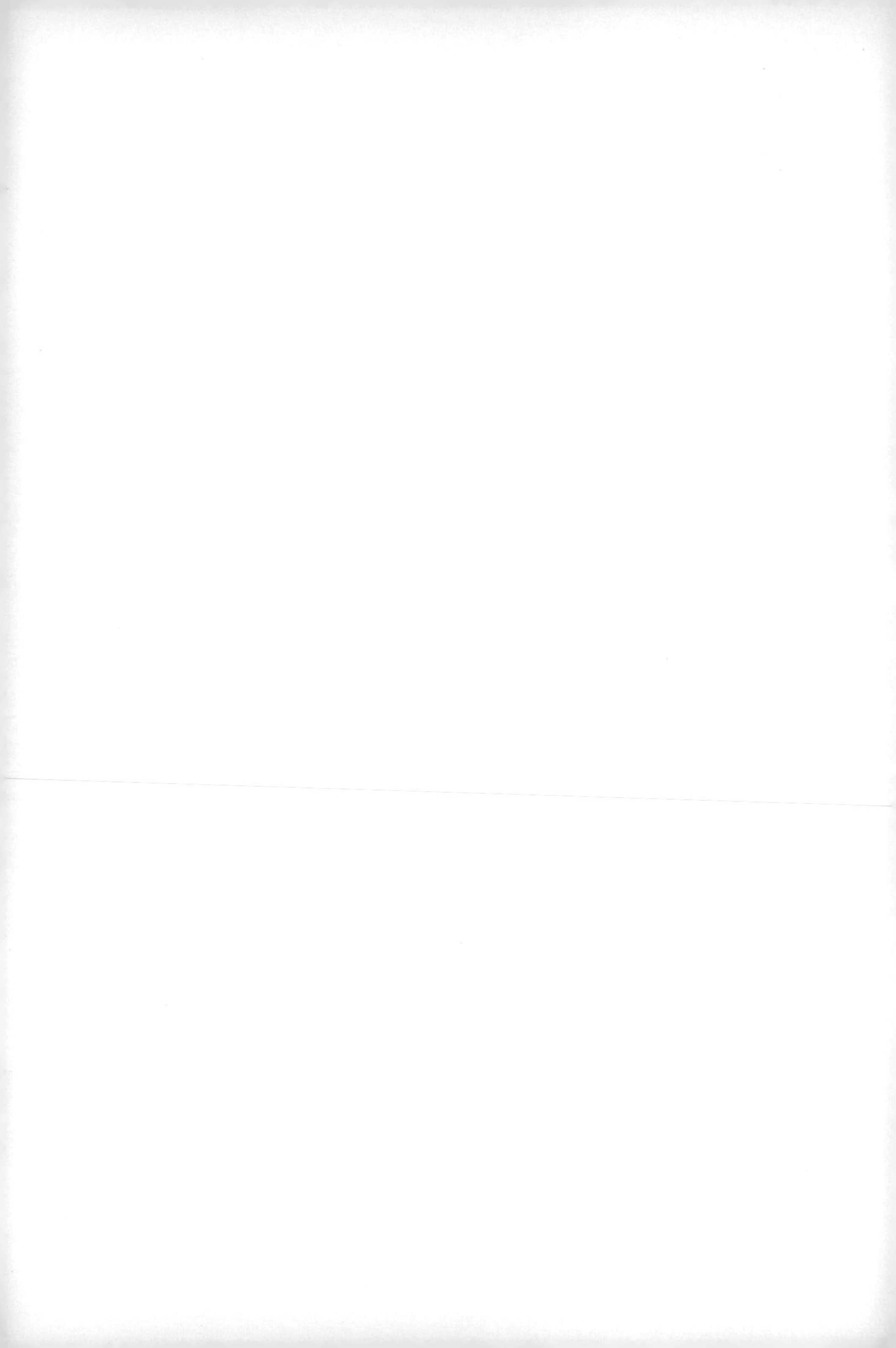